现场总线与工业以太网应用

郭其一　黄世泽　薛吉　屠旭慰　著

U0296337

科学出版社

北京

内 容 简 介

本书以国际标准的几种主流现场总线为背景,介绍了有关现场总线产生的背景、基础、通信协议、网络体系结构以及产品和应用等方面的内容。主要内容包括:现场总线的基本概念,工业通信相关基础知识,Modbus、Profibus-DP、Modbus/TCP 的产品开发过程,组态软件及系统构建方法。

本书内容较为完整和丰富,旨在帮助从事自动化和仪表领域的技术人员和相关专业的高年级本科生和研究生更加深入地了解现场总线技术、开阔眼界、增加知识面,也可作为高等院校电气工程类专业的教学参考书。

图书在版编目(CIP)数据

现场总线与工业以太网应用/郭其一等著. —北京:科学出版社,2016.3
ISBN 978-7-03-047539-8

Ⅰ.①现… Ⅱ.①郭… Ⅲ.①总线-自动控制系统 ②工业企业-以太网
Ⅳ.①TP273 ②TP393.11

中国版本图书馆 CIP 数据核字(2016)第 044372 号

责任编辑:张海娜　高慧元 / 责任校对:郭瑞芝
责任印制:吴兆东 / 封面设计:蓝正设计

科 学 出 版 社 出版
北京东黄城根北街 16 号
邮政编码:100717
http://www.sciencep.com

北京中石油彩色印刷有限责任公司 印刷
科学出版社发行　各地新华书店经销

*

2016 年 3 月第 一 版　开本:720×1000　1/16
2023 年 1 月第四次印刷　印张:16 1/4
字数:317 000

定价:118.00元
(如有印装质量问题,我社负责调换)

前　　言

以计算机（computer）、通信（communication）和控制（control）为代表的 3C 技术迅速发展，使得网络集成信息自动化正在迅速应用到现场设备、控制、管理和市场的各个层次，迅速进入工业制造、工业流程、环境工程、民用工程等应用领域。现场总线是将自动化最底层的现场控制器和现场智能仪表设备互连的实时控制通信网络，它遵循 ISO/OSI 开放系统互连参考模型的全部或部分通信协议。现场总线是自动化领域技术发展的热点之一，它的出现标志着工业控制技术领域又一新时代的开始。

现场总线技术是用于现场仪表与控制系统和控制室之间的一种全分散、全数字化、智能、双向、互连、多变量、多点、多站的串行通信技术，被誉为自动化领域的局域网，它是计算机技术、通信技术、控制技术的集成。现场总线技术使控制系统向着分散化、智能化、网络化方向发展，使控制技术与计算机及网络技术的结合更为紧密。基于开放通信协议标准的现场总线，为控制网络与信息网络的连接提供了便利，因而对控制网络与信息网络的融合和集成起到了积极的促进作用。

本书以国际标准的几种主流现场总线为背景，介绍有关现场总线产生的背景、基础、通信协议、网络体系结构以及产品和应用等方面的内容。全书共 6 章。第 1章介绍现场总线的基本概念、产生背景、发展历程以及发展趋势，并简要介绍几种主流现场总线。第 2 章详细介绍工业通信相关基础知识，包括传输介质、通信方式、网络拓扑等。第 3～5 章分别着重介绍 Modbus、Profibus-DP、Modbus/TCP 的产品开发过程，包括基本协议介绍、硬件开发和软件开发等。第 6 章介绍组态软件及系统，详细分析 Modbus、Profibus-DP、Modbus/TCP 的组态软件接入方法，最后介绍一个现场总线控制系统实例，以便读者深入研究。

通过阅读本书，读者可以详细了解现场总线技术，并根据本书的内容建立一个简单的基于现场总线的控制系统。本书是在对相关资料参考、引用和整理的基础上编写而成的，在此感谢所引用资料或文献的作者。感谢浙江中凯科技股份有限公司为本书的应用章节提供的产品和案例。

由于作者的学识和实践经验所限，掌握的资料也不够全面，对现场总线技术的研究还有待深入，加之现场总线技术发展迅猛，新技术层出不穷，书中疏漏之处在所难免，恳请广大读者指正和赐教。

目　　录

第1章 绪 论

1.1 现 场 总 线

20世纪80年代中期产生的现场总线,主要特征是以全数字、双向传输、多分支结构的通信控制总线连接智能现场设备,使工业控制系统向分散化、网络化和智能化方向发展,从而使工业控制系统的体系结构和功能结构产生重大变革。如果说计算机网络把人类引进了信息时代,那么现场总线则让自动控制系统加入到信息网络的行列,成为企业信息网络的底层,使企业信息沟通的覆盖范围一直延伸到生产现场。

1.1.1 现场总线的基本概念

关于现场总线的定义有很多种。它原本是指现场设备之间公用的信号传输线。后来又被定义为一种应用于生产现场,在现场设备之间、现场设备与控制装置之间实行双向、串行、多节点数字通信的技术。具体来说,它以测量控制设备作为网络节点,以双绞线等传输介质为纽带,把位于生产现场、具备数字计算和数字通信能力的测量控制设备连接成网络系统,按公开、规范的通信协议,在多个测量控制设备之间,以及现场设备与远程监控计算机之间,实现数据传输与信息交换,形成适应各种应用需要的自动控制系统。随着技术内容的不断发展和更新,现场总线已经成为控制网络技术的代名词。它使自控设备连接为控制网络,并与计算机网络沟通连接,使控制网络成为信息网络的重要组成部分。

现场总线系统既是一个开放的数据通信系统、网络系统,又是一个可以由现场设备实现完整控制功能的全分布控制系统。它作为现场设备之间信息沟通交换的联系纽带,把挂接在总线上、作为网络节点的设备连接为实现各种测量控制功能的自动化系统,实现如PID控制、补偿计算、参数修改、报警、显示、监控、优化及控管一体化的综合自动化功能。这是一项以数字通信、计算机网络、自动控制为主要内容的综合技术[1,2]。

现场总线的主要特点如下:

(1) 开放性。现场总线为开放式互联网络,其技术和标准都是公开的,所有制造商都必须遵循。这样用户可以自由集成不同制造商的通信网络,能与不同的控制系统形成互连。

(2) 布线简单。现场总线的最大革命是布线方式的革命。现场总线系统的接线十分简单,由于一对双绞线或一条电缆上通常可挂接多个设备,因而电缆、端子、槽盒、桥架的用量大大减少,连线设计与接头校对的工作量也大大减少。当需要增加现场控制设备时,无需增设新的电缆,可就近连接在原有的电缆上,因此最小化的布线方式和最大化的网络拓扑使得系统的接线成本和维护成本大大降低。

(3) 实时性。现场总线的实时性是为了满足现场控制和现场数据采集的要求。在确保数据传输可靠性和稳定性的前提下,现场总线应具备较高的传输速率和传输效率。

(4) 可靠性。由于现场总线设备的智能化、数字化,与模拟信号相比,它从根本上提高了测量与控制的准确度,减少了传送误差。同时,由于系统的结构简化,现场设备内部功能加强,设备之间连线减少,这都减少了信号的往返传输,提高了系统的工作可靠性。而且,现场总线一般都具有一定的抗干扰能力,同时具备一定的诊断能力,可最大限度地保护整个系统,并快速地查找、更换故障节点[2]。

1.1.2 现场总线的发展历程

20 世纪 50 年代以前,由于当时的生产规模较小,检测控制仪表尚处于发展的初级阶段,所采用的是直接安装在生产设备上、只具备简单测控功能的基地式气动仪表,其信号仅在本仪表内起作用,一般不能传送给别的仪表或系统,即各测控点只能成为封闭状态,无法与外界沟通信息,操作人员只能通过生产现场的巡视,了解生产过程的状况。

在过程控制领域,从 20 世纪 50 年代至今,随着生产规模的扩大,操作人员需要综合掌握多点的运行参数与信息,需要同时按多点的信息实行操作控制,于是出现了气动、电动系列的单元组合式仪表,出现了集中控制室。生产现场各处的参数通过统一的模拟信号,如 0~10mA、4~20mA 的直流电流信号,1~5V 直流电压信号等,送往集中控制室,在控制盘上连接。操作人员可以坐在控制室纵观生产流程各处的状况,可以把各单元仪表的信号按需要组合成复杂控制系统[3]。

传统模拟控制系统采用一对一的物理连接,即模拟信号的传递需要一对一的物理连接,信号变化缓慢,提高计算速度与精度的开销、难度都较大,信号传输的抗干扰能力也较差,于是人们开始寻求用数字信号取代模拟信号,出现了直接数字控制系统(DDC)。由于当时的数字计算机技术尚不发达,价格昂贵,人们企图用一台计算机取代控制室几乎所有的仪表盘,出现了集中式数字控制系统。但由于当时数字计算机的可靠性还较差,一旦计算机出现某种故障,就会造成所有控制回路瘫痪、生产停产的严重局面,这种危险集中的系统结构很难为生产过程所接受。

随着计算机功能的不断增强,价格急剧降低,计算机与计算机网络系统得到了迅速发展,出现了数字调节器、可编程控制器(PLC)以及由多个计算机递阶构成的集中分散相结合的集散控制系统(DCS)。在 DCS 中,测量变送仪表一般为模拟仪表,它属于模拟数字混合系统。这种系统在功能、性能上较模拟仪表、集中式数字控制系统有了很大进步,可在此基础上实现装置级、车间级的优化控制。但是,在 DCS 形成的过程中,由于设备之间采用传统的一对一连线,用电压、电流的模拟信号进行测量控制,或采用自成体系的封闭式集散系统,难以实现设备之间以及系统与外界之间的信息交换,使自动化系统成为了"信息孤岛"。再者,各厂家的产品自成系统,不同厂家的设备不能互连在一起,难以实现互换与互操作,组成更大范围信息共享的网络系统存在很大困难。

要实现整个企业的信息集成,实施综合自动化,就要构建运行在生产现场、性能可靠、造价低廉的工厂底层网络,完成现场自动化设备之间的多点数字通信,实现底层现场设备之间以及生产现场与外界的信息交换。现场总线就是在这种实际需求驱动下应运而生的。它作为现场设备之间互连的控制网络,沟通了生产过程现场控制设备之间及其与更高控制管理层网络之间的联系,克服了 DCS 中采用专用网络所造成的缺陷,把基于封闭、专用的解决方案变成了基于公开化、标准化的解决方案。把来自不同厂商而遵守同一协议规范的自动化设备,通过现场总线网络连接成系统,实现综合自动化的各种功能,同时把 DCS 的模拟数字混合系统结构,变成了新型的全分布式网络系统结构,为彻底打破自动化系统的信息孤岛僵局创造了条件。

现场总线系统的现场设备在不同程度上都具有数字计算和数字通信能力。借助现场设备的计算、通信能力,在现场就可进行多种复杂的控制计算,形成真正分散在现场的完整的控制系统,提高了控制系统运行的可靠性。可借助现场总线控制网络,以及与之有通信连接的其他网络,实现异地远程自动控制,如操作远在数百公里之外的电气开关等;还可提供传统仪表所不能提供的如设备资源、阀门开关动作次数、故障诊断等信息,便于操作人员更好、更深入地了解生产现场和自控设备的运行状态[4,5]。

1.1.3　主流现场总线介绍

近年来,欧洲、北美、亚洲的许多国家都投入巨额资金与人力,研究开发现场总线技术,出现了百花齐放、兴盛发展的态势。据说,世界上已出现各式各样的现场总线 100 多种,其中宣称为开放型现场总线的就有 40 多种[6]。有些已经在特定的应用领域显示了各自的特点和优势,表现了较强的生命力。比较流行的主要有基金会现场总线(FF)、过程现场总线(Profibus)、设备网(DeviceNet)、LonWorks 等现场总线。

1. 基金会现场总线

基金会现场总线(foundation fieldbus,FF)是在过程自动化领域得到广泛支持和具有良好发展前景的技术。其前身是以美国 Fisher-Rosemount 公司为首,联合 Foxbooro、横河、ABB、西门子等 80 家公司制定的 ISP 协议,以及以 Honeywell 公司为首、联合欧洲等地的 150 家公司制定的 WorldFIP 协议。屈于用户的压力,这两大集团于 1994 年 9 月合并,成立了现场总线基金会,致力于开发出国际上统一的现场总线协议。它以 ISO/OSI 开放系统互连模型为基础,取其物理层、数据链路层、应用层为 FF 通信模型的相应层次,并在应用层上增加了用户层。

基金会现场总线分低速 H1 和高速 H2 两种通信速率。H1 的传输速率为 31.25kbit/s,通信距离可达 1900m(可加中继器延长),可支持总线供电,支持本征安全防爆环境。H2 的传输速率为 1Mbit/s 和 2.5Mbit/s 两种,其通信距离分别为 750m 和 500m。物理传输介质可支持双绞线、光缆和无线发射,协议符合 IEC1158-2 标准。

基金会现场总线的物理媒介的传输信号采用曼彻斯特编码,每位发送数据的中心位置或是正跳变或是负跳变。正跳变代表"0",负跳变代表"1",从而使串行数据位流中具有足够的定位信息,以保持发送双方的时间同步。接收方既可根据跳变的极性来判断数据的"1""0"状态,也可根据数据的中心位置精确定位。

为满足用户需要,Honeywell、Ronan 等公司已开发出可完成物理层和部分数据链路层协议的专用芯片,许多仪表公司已开发出符合 FF 协议的产品,H1 总线已通过 α 测试和 ρ 测试,完成了由 13 个不同厂商提供设备而组成的 FF 现场总线工厂试验系统。H2 总线标准也已形成。1996 年 10 月,在芝加哥举行的 ISA96 展览会上,由现场总线基金会组织实施,向世界展示了来自 40 多家厂商的 70 多种符合 FF 协议的产品,将这些分布在不同楼层展览大厅不同展台上的 FF 展品,用醒目的橙红色电缆,互连为 7 段现场总线演示系统,各展台现场设备之间可实地进行现场互操作,展现了基金会现场总线的成就与技术实力[7-9]。

2. 过程现场总线

Profibus(process fieldbus)是一种具有广泛应用范围的、开放的数字通信系统,根据应用特点,主要分为 Profibus-DP、Profibus-FMS、Profibus-PA 三种类型。

DP 型总线用于分散外设间的高速传输,适合于加工自动化领域的应用;FMS 型总线为现场信息规范,适用于纺织、楼宇自动化、可编程控制器、低压开关等一般自动化;而 PA 型则是用于过程自动化的总线类型,它遵从 IEC1158-2 标准。

Profibus 采用了 OSI 模型的物理层、数据链路层,由这两部分形成了其标准第一部分的子集。DP 型隐去了第 3～7 层,增加了直接数据连接拟合作为用户接口,

FMS 型只隐去第 3~6 层,采用了应用层作为标准的第二部分,PA 型的传输技术遵从 IEC1158-2(H1)标准,可实现总线供电与本征安全防爆。

Profibus 支持单主站、多主站系统,主站有对总线的控制权,可主动发送信息。对多主站系统来说,主站之间采用令牌方式传递信息,得到令牌的站点可在一个预定时间内拥有总线控制权,并事先规定好令牌在各主站中循环一周的最长时间。按 Profibus 的通信规范,令牌在主站之间按地址编号顺序,沿上行方向进行传递。主站通过令牌得到控制权后,按主从方式与从站交互数据,实现点对点通信。主站向所有站点广播信息,或有选择地向一组站点广播,而从站并不需要应答[10-12]。

3. 设备网

在现代的控制系统中,不仅要求现场设备完成本地的控制、监视、诊断等任务,还要能通过网络与其他控制设备及 PLC 进行对等通信,因此现场设备多设计成内置智能式。基于这样的现状,美国 Rockwell Automation 公司于 1994 年推出了DeviceNet 网络,实现低成本高性能的工业设备的网络互连。

DeviceNet 是一种低成本的通信连接,它将工业设备连接到网络,从而免去了昂贵的硬接线。DeviceNet 又是一种简单的网络解决方案,在提供多供货商同类部件间可互换性的同时,减少了配线和安装工业自动化设备的成本和时间。DeviceNet 的直接互连性不仅改善了设备间的通信,同时提供了相当重要的设备级诊断功能,这是通过硬接线 I/O 接口很难实现的[13,14]。

DeviceNet 具有如下特点:

(1) DeviceNet 基于 CAN 总线技术,它可连接开关、光电传感器、阀组、电动机启动器、过程传感器、变频调速设备、固态过载保护装置、条形码阅读器、I/O 和人机界面等,传输速率为 125~500kbit/s,每个网络的最大节点数是 64 个,干线长度 100~500m。

(2) DeviceNet 使用的通信模式是:生产者/消费者(producer/consumer)。该模式允许网络上的所有节点同时存取同一源数据,网络通信效率更高;采用多信道广播信息发送方式,各个消费者可在同一时间接收到生产者所发送的数据,网络利用率更高。"生产者/消费者"模式与传统的"源/目的"通信模式相比,前者采用多信道广播式,网络节点同步化,网络效率高;后者采用应答式,如果要向多个设备传送信息,则需要对这些设备分别进行"呼""应"通信,即使是同一信息,也需要制造多个信息包,这样,增加了网络的通信量,网络响应速度受限制,难以满足高速的、对时间要求苛刻的实时控制。

(3) 设备可互换性。各个销售商所生产的符合 DeviceNet 网络和行规标准的简单装置(如按钮、电动机启动器、光电传感器、限位开关等)都可以互换,为用户提供了灵活性和可选择性。

（4）DeviceNet 网络上的设备可以随时连接或断开，而不会影响网络上其他设备的运行，方便维护和减少维修费用，也便于系统的扩充和改造。

（5）DeviceNet 网络上的设备安装比传统的 I/O 布线更加节省费用，尤其是当设备分布在几百米范围内时，更有利于降低布线安装成本。

现场总线技术具有网络化、系统化、开放性的特点，需要多个企业相互支持、相互补充来构成整个网络系统。为便于技术发展和企业之间的协调，统一宣传推广技术和产品，通常每一种现场总线都有一个组织来统一协调。DeviceNet 总线的组织机构是开放式 DeviceNet 供货商协会（Open DeviceNet Vendors Association，ODVA）。它是一个独立组织，管理 DeviceNet 技术规范，促进 DeviceNet 在全球的推广与应用。

ODVA 实行会员制，会员分供货商会员（vendor member）和分销商会员（distributor member）。ODVA 现有供货商会员 310 个，其中包括 ABB、RockwellL-PhoenixContact、Omron、Hitachi、Cutler-Hammer 等几乎所有世界著名的电气和自动化组件生产商。

ODVA 的作用是帮助供货商会员向 DeviceNet 产品开发者提供技术培训、产品一致性试验工具和试验，支持成员单位对 DeviceNet 协议规范进行改进；出版符合 DeviceNet 协议规范的产品目录，组织研讨会和其他推广活动，帮助用户了解掌握 DeviceNet 技术；帮助分销商开展 DeviceNet 用户培训和 DeviceNet 专家认证培训，提供设计工具，解决 DeviceNet 系统问题[15]。

4. LonWorks

LonWorks 是又一具有强劲实力的现场总线技术，它是由美国 Echelon 公司推出并与 Motorola、Toshiba 公司共同倡导，于 1990 年正式公布而形成的。它采用了 ISO/OSI 模型的全部七层通信协议，采用了面向对象的设计方法，通过网络变量把网络通信设计简化为参数设置，其通信速率从 300bit/s 至 1.5Mbit/s 不等，直接通信距离可达到 2700m（不加中继器），支持双绞线、同轴电缆、光纤、射频、红外线、电源线等多种通信介质，被誉为通用控制网络。

LonWorks 技术所采用的 LonTalk 协议被封装在称为 Neuron 的芯片中并得以实现。集成芯片中有 3 个 8 位 CPU，一个用于完成开放互连模型中第 1、2 层的功能，称为媒体访问控制处理器，实现介质访问的控制与处理；第二个用于完成第 3～6 层的功能，称为网络处理器，进行网络变量的寻址、处理、背景诊断、函数路径选择、软件计量、网络管理，并负责网络通信控制、收发数据包等；第三个是应用处理器，执行操作系统服务与用户代码。芯片中还具有存储信息缓冲区，以实现 CPU 之间的信息传递，并作为网络缓冲区和应用缓冲区，如 Motorola 公司生产的神经元集成芯片 MC143120E2 就包含了 2KB RAM 和 2KB EEPROM。

LonWorks 公司的技术策略是鼓励各 OEM 开发商运用 LonWorks 技术和神经元芯片,开发自己的应用产品。据称目前已有 4000 多家公司在不同程度上采用 LonWorks 技术;1000 多家公司已经推出了 LonWorks 产品,并进一步组织起 LonMark 互操作协会,开发推广 LonWorks 技术与产品。为了支持 LonWorks 与其他协议和网络之间的互联与互操作,该公司正在开发各种网关,以便将 Lon-Works 与以太网、FF、Modbus、DeviceNet、Profibus 等互联为系统。

另外,在开发智能通信接口、智能传感器方面,LonWorks 神经元芯片也具有独特的优势。

LonWorks 技术已经被美国暖通工程师协会(ASHRE)定为建筑自动化协议 BACNet 的一个标准。美国消费电子制造商协会已经通过决议,以 LonWorks 技术为基础制定了 EIA-709 标准。这样,LonWorks 已经建立了一套从协议开发、芯片设计、芯片制造、控制模块开发制造、OEM 控制产品、最终控制产品、分销、系统集成等一系列完整的开发、制造、推广、应用体系结构,吸引了数万家企业参与到这项工作中来,这对于一种技术的推广、应用有很大的促进作用。表 1.1 所示为对以上几种现场总线的性能作简单比较[16-18]。

表 1.1 几种流行的现场总线比较

类型特性	FF	Profibus	DeviceNet	LonWorks
开发公司	Fisher-Rosemount 公司	西门子公司	Rockwell 公司	Echelon 公司
OSI 网络层次	1,2,7,(8)	1,2,7	1,2,7	1~7
通信介质	双绞线、同轴电缆和光纤	双绞线、光纤	双绞线、同轴电缆和光纤	双绞线、光纤、同轴电缆、无线和电力线
介质访问方式	令牌	令牌	带非破坏性逐位仲裁的载波侦听多址访问(CSMA/NBA)	可预测 P 坚持 CSMA (Predictive P-Persistent CSMA)
最大通信速率/(kbit/s)	31.25(H1) 100000(H2)	12000	500	1500
最大节点数	32	127	64	248
优先级	有	有	有	有
本征安全性	是	是	是	是
开发工具	有	有	有	有

1.2　工业以太网

随着社会的不断进步,工业自动化系统开始向分布式、智能化的实时控制方面发展,用户要求企业从现场控制层到管理层能实现全面的无缝信息集成,并提供一个开放的基础构架,这些都要求控制网络使用开放的、透明的通信协议,但是以前的系统往往无法满足这些要求,近年来国际工业控制领域的共同趋势是使用基于 IEEE802.3 和 TCP/IP 的网络技术,形成新型的基于以太网的网络控制技术,即工业以太网。

1.2.1　工业以太网的基本概念

工业以太网源于以太网而又不同于以太网。互联网及普通计算机网络采用的以太网技术原本并不适应控制网络和工业环境的应用需要。

所谓工业以太网,一般来讲是指技术上与商用以太网(IEEE802.3 标准)兼容,又针对工业应用采取了改进措施使其更加适用于工业场合。在产品设计时,材质的选用、适用性、实时性、可靠性、互操作性和抗干扰性等方面能满足工业现场的需要[19],其特点如下。

1. 实现高速、大数据量的实时、稳定传输

以太网能实现大数据量数据的交互,而快速以太网与交换式以太网技术的发展,给解决工业以太网的非确定性问题带来了新的契机,以太网的通信速率从 10M、100M 增大到如今的 1000M、10G,在数据吞吐量相同的情况下,通信速率的提高意味着网络负荷的减轻和网络传输延时的减小,即网络碰撞概率大大下降。其次,交换机迅速发展,可对网络上传输的数据进行过滤,使每个网段内节点间数据的传输只限在本地网段内进行,不占用其他网段的带宽,从而降低了所有网段和主干网的网络负荷。再次,全双工通信也避免了冲突的发生。因此工业以太网通信的实时性和稳定性大大提高。

2. Web 功能的集成

Web 功能的集成使用户可以通过以太网技术访问设备,如 HTTP、HTML 等。这样,只要借助互联网的标准技术可访问工业以太网设备,获得设备相关信息或者对有些信息进行配置修改。

3. 集成原有现场总线系统

工业以太网的出现,给原有的现场总线带来了一定的冲击,为了保护用户原有

投资,工业以太网必须能无缝集成原有现场总线系统,这一般都是通过网关实现,可通过网关将原先的现场总线系统接入不同的工业以太网系统中。

以工业以太网 Modbus/TCP 为例,如图 1.1 所示,网关把原有的 Modbus 网络接入 Modbus/TCP 网络,网关在 Modbus/TCP 网络中充当 Modbus/TCP 从站,在 Modbus 网络中则充当 Modbus 主站。

同样,其他工业以太网也可以通过相应的转换装置连接现场总线网络。

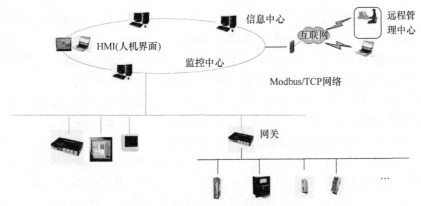

图 1.1 Modbus/TCP 网络

4. 时钟同步

IEEE 1588(网络测控系统精确时钟同步协议)最初由 Agilent Laboratories (安捷伦实验室)的 John Eidson 以及来自其他公司和组织的 12 名成员开发,后来得到 IEEE 的赞助,并于 2002 年 11 月得到 IEEE 批准。

IEEE 1588 的基本功能是使分布式网络内的最精确时钟与其他时钟保持同步,它定义了一种精确时间协议 PTP(precision time protocol),用于对标准以太网或其他采用多播技术的分布式总线系统中的传感器、执行器以及其他终端设备中的时钟进行亚微秒级同步。目前,许多工业以太网都能实现符合 IEEE 1588 的时钟同步功能[20]。

1.2.2 工业以太网的发展历程

在 20 世纪 70 年代中期,美国施乐公司提出了以太网这个新概念,通过以太网超过 100 个网站可以不需要预先知道对方站点的信息就可以以非常高的数据传输速率(在当时是非常高的速率)进行通信,通过约 1000m 的同轴电缆,数据传输速率从最初的 3Mbit/s 发展到后来的 10Mbit/s。

Robert M. Metcalfe 博士在 1976 年绘制了著名的工业以太网草图,并在这一年 6 月的国家计算机会议提出了以太网。在这张图中最先描述了以太网的各部分术语。从此以后其他术语开始在以太网的普及中得到应用。

　　随着科技的发展,带有冲突检测的载波侦听多路存取(CSMA/CD)的方法不断改进,从而形成一致而又强大的局域网技术。各种各样的措施改进了以太网技术,并且使以太网可以适应新的可能的技术。

　　以太网在 Internet 中的广泛应用,使得它具有技术成熟、软硬件资源丰富、性价比高等许多明显的优势,得到了广大开发商与用户的认同。今天,以太网已经属于成熟技术。

　　从实际应用状况分析,工业以太网的应用场合各不相同。它们有的作为工业应用环境下的信息网络,有的作为现场总线的高速(或上层)网段,有的是基于普通以太网技术的控制网络,而有的则是基于实时以太网技术的控制网络。不同网络层次、不同应用场合需要解决的问题,需要的特色技术内容各不相同。

　　以太网技术的发展和广泛应用,使其从办公自动化走向工业自动化。首先是通信速率的提高,以太网以 10M、100M 到现在的 1000M、10G,速率提高意味着网络负荷减轻和传输延时减少,网络碰撞概率下降;其次采用双工星形网络拓扑结构和以太网交换技术,使以太网交换机的各端口之间数据帧的输入和输出不再受 CSMA/CD 机制的制约,避免了冲突;再加上全双工通信方式使端口间两对双绞线(或两根光纤)上分别同时接收和发送数据,而不发生冲突。这样,全双工交换式以太网能避免因碰撞而引起的通信响应不确定性,保障通信的实时性。同时,由于工业自动化系统向分布式、智能化的实时控制方面发展,通信成为关键,用户对统一的通信协议和网络的要求日益迫切。这样,技术和应用的发展,使以太网进入工业自动化领域成为必然。所以工业以太网正在成为一种很有发展前途的现场控制网络[21,22]。

　　1. 主流工业以太网介绍

　　随着现场总线应用领域的扩展和建立企业信息系统的需求,工业以太网在现场总线中迅速崛起并不断发展。目前,主流工业以太网主要有:现场总线基金会的高速以太网 HSE(high speed Ethernet)、控制网国际组织(ControlNet International,CI)和 ODVA 工业以太网 Ethernet/IP(Ethernet/industrial protocol)、Profibus 用户组织(Profibus Nutzer Organization,PNO)Profinet、Modbus-IDA、Modbus/TCP[23,24]。

　　2. Modbus/TCP

　　工业以太网 Modbus/TCP 是由施耐德电气公司为首的 Modbus-IDA 组织推出,它基于标准的 TCP/IP 协议,定义了一个结构简单的、开放和广泛应用的传输协议,用于主从式通信。其网络结构如图 1.2 所示。

　　主要技术特征如下:

　　(1) 拓扑形式,开放局域网络,符合 IEEE802.3。

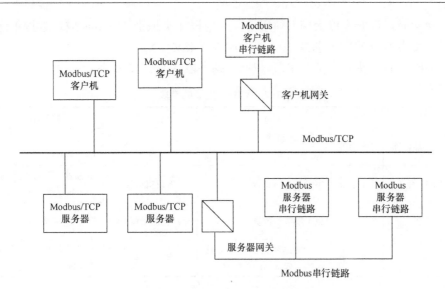

图 1.2　Modbus/TCP 网络结构

(2) 传输方式,CSMA/CD。

(3) 传送速度,(100M/10M)bit/s。

(4) 传送介质,IEEE802.3,100Base TX,100Base FX。

(5) 网络长度,从集线器至节点 100BaseTX 可达 100m,100BaseFX 可达 3000m。

(6) 应用层,Modbus 协议,TCP 端口号为 502。

Modbus/TCP 基于标准的以太网,只是在应用层封装了 Modbus 协议,如图 1.3所示。

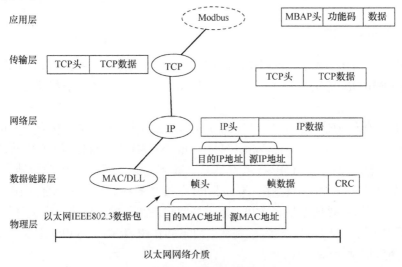

图 1.3　Modbus/TCP 协议架构图

Modbus/TCP 在以太网上使用一种专用报文头识别 Modbus 应用数据单元,这种报文头称为 MBAP 报文头(Modbus 协议报文头)。

MBAP 报文头共有 7 个字节,包括下列字段,如表 1.2 所示。

表 1.2　MBAP 报头的字段

字段	长度	描述	客户机	服务器
事务处理标识符	2 个字节	Modbus 请求/响应事务处理的识别码	客户机启动	服务器从接收的请求中重新复制
协议标识符	2 个字节	0=Modbus 协议	客户机启动	服务器从接收的请求中重新复制
长度	2 个字节	以下字节的数量	客户机启动(请求)	服务器(响应)启动
单元标识符	1 个字节	串行链路或其他总线上连接的远程从站的识别码	客户机启动	服务器从接收的请求中重新复制

事务处理标识符:用于事务处理配对。在响应中,Modbus 服务器复制请求的事务处理标识符。

协议标识符:用于系统内的多路复用。通过值 0 识别 Modbus 协议。

长度:长度域是下一个域的字节数,包括单元标识符和数据域。

单元标识符:当系统内需要路由时,使用这个域。专门用于通过以太网网络和 Modbus 串行链路之间的网关对 Modbus 从站的通信。Modbus 客户机在请求中设置这个域,在响应中服务器必须利用相同的值返回这个域。

Modbus/TCP 的功能码和数据格式完全参照 Modbus 的协议,此处不再赘述。

3. Ethernet/IP

Ethernet/IP 工业以太网是由 ODVA、CI 组织负责推广,并由 Rockwell Automation、OMRON 等公司支持,其中 IP 是指工业协议,它基于标准的 TCP/IP 协议。

CIP 的全称为通用工业协议(common industrial protocol),它为开放的现场总线 DeviceNet、ControlNet、CompoNet、EtherNet/IP 等网络提供了公共的应用层和设备描述。EtherNet/IP 技术就是 CIP 技术与以太网技术的巧妙结合,它基于标准的 TCP/IP 协议,只是在 TCP 或 UDP 报文的数据部分嵌入了 CIP 封装协议,封装协议的主要任务是定义和规范了如何封装和传输上层协议报文,以及如何管理和利用下层 TCP/IP 连接,起到承上启下的作用,功能上与 OSI 七层模型中的数据链路层非常类似[25,26]。

　　EtherNet/IP 规范对如何进行命令封装进行了详细规定,它将对 TCP、UDP 的管理、节点间通信连接的管理以及数据交换封装在统一的封装结构中。Ether-Net/IP 的报文结构是多层协议的级联,整个数据封装格式如图 1.4 所示。

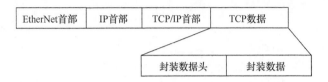

图 1.4　EtherNet/IP 数据封装格式

　　EtherNet/IP 的报文主要分为隐式报文和显式报文,隐式报文主要传输一些实时 I/O 数据、功能性安全数据和运动控制数据,显式报文主要是传输一些配置、诊断数据。

　　如图 1.5 所示,EtherNet/IP 利用 UDP 协议传送隐式报文,将 UDP 报文映射到 IP 多播传送,实现高效 I/O 交换。利用 TCP 的流量控制和点对点特性通过 TCP 通道传输 CIP 显式报文。

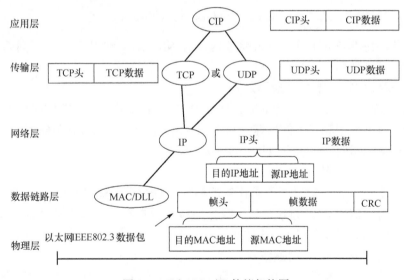

图 1.5　EtherNet/IP 协议架构图

4. Profinet

　　Profinet 是 Profibus 国际组织(PI)推出的一种基于以太网的、开放的、用于自动化的工业以太网标准,它使用开放的 IT 标准,并提供了实时功能,可实现在各种不同场合的应用,完成各种不同需求的控制任务。Profinet 还能与现有的现场总线系统无缝集成,从而可以较好地保护原有投资者的利益。从应用角度上

Profinet 分为 CBA 和 IO。CBA 用于创建模块化设备,而 IO 主要用于集成分布式 I/O 设备。如图 1.6 所示,Profinet 通过标准的 TCP/IP 通道传输实时性不高的数据,如配置、诊断等,而对实时性要求较高的数据则通过 Profinet 的专用通道进行传输。

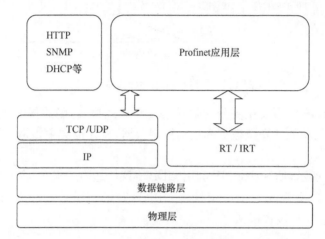

图 1.6　Profinet 协议架构图

从传输协议角度上,Profinet 将数据分为 NRT、RT 和 IRT 三种不同的类型,分别用于不同的场合。

1) NRT(TCP/IP 标准通信)

Profinet 基于以太网技术,通过 TCP/IP 在标准通道上发送非实时数据,如参数、诊断、组态数据和互连信息等。TCP/IP 提供了使以太网设备能够通过本地和分布式网络的透明通道进行数据交换的基础。

2) RT(实时通信)

对于生产设备内对时间要求比较严格的过程数据传输,Profinet 提供了一个优化的实时通信信道,通过该信道可极大地减少数据在通信栈中的处理时间。其实时通信的响应时间一般为 1~10ms。

3) IRT(等时同步实时通信)

运动控制应用要求在 100 个节点下,其响应时间要小于 1ms,抖动误差要小于 1μs。为了满足这些需求,Profinet 定义了 IRT 的传输通道,如图 1.7 所示。

图 1.7　Profinet 传输通道

Profinet 对每个周期进行了分割,把时间分为确定性部分和开发性部分。每个周期先确保 IRT 通道内数据的实时传递,而对实时性要求不高的数据的传输则通过开放通道完成。这样,两种不同类型的数据就可以同时在 Profinet 上传递,实现了 Profinet 技术对以太网技术的兼容。

5. EtherCAT

EtherCAT 是由德国 Beckhoff 公司开发的,并且在 2003 年年底成立了 ETC 工作组(Ethernet Technology Group)。EtherCAT 是一个可用于现场级的超高速 I/O 网络,它使用标准的以太网物理层和常规的以太网卡,传输介质可为双绞线或光纤。

一般常规的工业以太网都是采用先接收通信帧,进行分析后作为数据送入网络中各个模块的通信方式,而 EtherCAT 的以太网协议帧中已经包含了网络中各个模块的数据。EtherCAT 协议标准帧结构如图 1.8 所示。

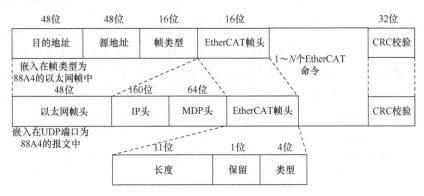

图 1.8 EtherCAT 协议标准帧结构

数据的传输采用移位同步的方法进行,即在网络的模块中得到其相应地址数据的同时,数据帧可以传送到下一个设备,相当于数据帧通过一个模块时输出相应的数据后,马上转入下一个模块。由于这种数据帧的传送从一个设备到另一个设备延迟时间仅为微秒级,所以与其他以太网解决方法相比,性能得到了提高。在网络段的最后一个模块中结束了整个数据传输的工作,形成了一个逻辑和物理环形结构。所有传输数据与以太网的协议相兼容,同时采用双工传输,提高了传输的效率。

EtherCAT 的通信协议模型如图 1.9 所示。EtherCAT 通过协议内部可区别传输数据的优先权,组态数据或参数的传输是在一个确定的时间中通过一个专用的服务通道进行的,EtherCAT 系统的以太网功能与传输的 IP 协议兼容[27,28]。

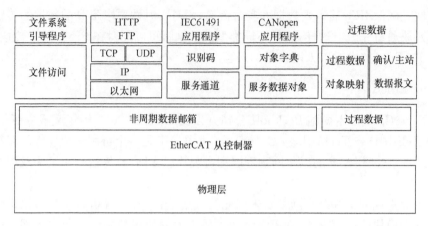

图 1.9　EtherCAT 通信协议模型

6. EPA

由浙江大学牵头制定的新一代现场总线标准——《用于工业测量与控制系统的 EPA 通信标准》(简称 EPA 标准)成为我国第一个拥有自主知识产权并被 IEC 认可的工业自动化领域国际标准(IEC/PAS62409—2005),并作为实时以太网国际标准 IEC61784-2 (与 Profinet、EtherNet/IP 并列) 与现场总线国际标准 IEC61158 第四修订版(与 FF、Profibus 并列)进行制定。EPA 标准定义了基于 ISO/IEC8802-3、IEEE802.11、IEEE802.15 以及 RFC791、RFC768 和 RFC793 等协议的 EPA 系统结构、数据链路层协议、应用层服务定义与协议规范以及基于 XML 的设备描述规范[29]。

作为一种分布式系统,EPA 系统是利用 ISO/IEC8802-3、IEEE802.11、IEEE802.15 等协议定义的网络,将分布在现场的若干设备、小系统以及控制、监视设备连接起来,使所有设备一起运作,共同完成工业生产过程和操作过程中的测量和控制。EPA 系统可以用于工业自动化控制环境。

EPA 采用逻辑隔离式微网段化技术,形成了"总体分散、局部集中"的控制系统结构,如图 1.10 所示。

通过图 1.10 对 EPA 控制系统中的设备进行解释如下。

1) EPA 主设备

EPA 主设备是监控级 L2 网段上的 EPA 设备,具有 EPA 通信接口,不要求具有控制功能块或功能块应用进程。EPA 主设备一般指 EPA 控制系统中的组态、监控设备或人机接口等,如工程师站、操作站和 HMI 等。

EPA 主设备的 IP 地址必须在系统中唯一。

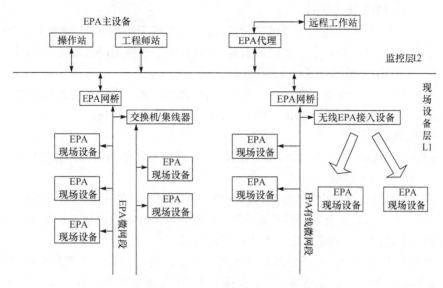

图 1.10　EPA 系统的网络拓扑结构

2）EPA 现场设备

EPA 现场设备是指处于工业现场环境中的设备，如变送器、执行器、开关、数据采集器、现场控制器等。

EPA 现场设备必须具有 EPA 通信实体，并包含至少一个功能块实例。EPA 现场设备的 IP 地址也必须在系统中唯一。

3）EPA 网桥

EPA 网桥是一个微网段与其他微网段或监控级 L2 连接的设备。一个 EPA 网桥至少有两个通信接口，分别连接两个微网段。

EPA 网桥是可以组态的设备，具有以下功能：

（1）通信隔离。一个 EPA 网桥必须将其所连接的本地所有通信流量限制在其所在的微网段内，而不占用其他微网段的通信带宽资源。这里所指的通信流量包括以广播、一点对多点传输的组播，以及点对点传输的单播等所有类型的通信报文所占的带宽资源。

（2）报文转发与控制。一个 EPA 网桥还必须对分别连接在两个不同微网段、一个微网段与 L2 网段的设备之间互相通信的报文进行转发与控制，即连接在一个微网段的 EPA 设备与连接在其他微网段或 L2 网段的 EPA 设备进行通信时，其通信报文由 EPA 网桥负责控制转发。

本标准推荐每个 L1 微网段使用一个 EPA 网桥，但在系统规模不大，整个系统为一个微网段时，可以不使用 EPA 网桥。

4）无线 EPA 接入设备

无线 EPA 接入设备是一个可选设备，由一个无线通信接口（如无线局域网接口或蓝牙通信接口）和一个以太网通信接口构成，用于连接无线网络与以太网。

5）无线 EPA 现场设备

无线 EPA 现场设备具有至少一个无线通信接口（如无线局域网通信接口或蓝牙通信接口），并具有 EPA 通信实体，包含至少一个功能块实例。

6）EPA 代理

EPA 代理是一个可选设备，用于连接 EPA 网络与其他网络，并对远程访问和数据交换进行安全控制与管理。

注：L1 网段和 L2 网段是按照它们在控制系统中所处的网络层次关系的不同而划分的，它们本质上都遵循同样的 EPA 通信协议。现场设备层 L1 网段在物理接口和线缆特性上必须满足工业现场应用的要求。

无论监控层 L2 网段，还是现场设备级 L1 网段，均可分为一个或几个微网段。一个微网段即为一个控制区域，用于连接几个 EPA 现场设备。在一个控制区域内，EPA 设备间相互通信，实现特定的测量和控制功能。一个微网段通过一个 EPA 网桥与其他微网段相连。

一个微网段可以由以太网、无线局域网或蓝牙三种网络类型中的一种构成，也可以由其中的两种或三种组合而成，但不同类型的网络之间需要通过相应的网关或无线接入设备连接[30]。

7. 高速以太网 HSE

现场总线基金会于 1998 年开始起草 HSE，2003 年 3 月，完成了 HSE 的第一版标准。HSE 主要利用现有商用的以太网技术和 TCP/IP 协议族，通过错时调度以太网数据，达到工业现场监控任务的要求。

HSE 是现场总线基金会对 FF H1 的高速网段的解决方案。HSE 的物理层与数据链路层采用以太网规范（100Mbit/s）；网络层采用 IP 协议；传输层采用 TCP、UDP 协议；而应用层是独具特色的现场设备访问（field device access，FDA）。HSE 使用的用户层与 H1 的相同，可实现模块间的相互操作并可调用 H1 开发的模块和设备描述。在 FF 的有关 HSE 的技术规范中，包括 HSE 高速以太网、以太网在线、现场设备访问、HSE 系统管理、HSE 冗余、HSE 网络管理和 HSE 行规。值得指出的是，HSE 不仅包括应用层，还包括标准的应用过程。也就是说，HSE 不仅定义了通信、数据类型和目标结构，也包括功能方块图编程语言，允许用户组建控制方案，使不同制造商提供的设备组成网络[31]。HSE 的网络结构如图 1.11 所示。

HSE 的核心部分是链接设备（linking device），链接设备将 31.25kbit/s 的 H1

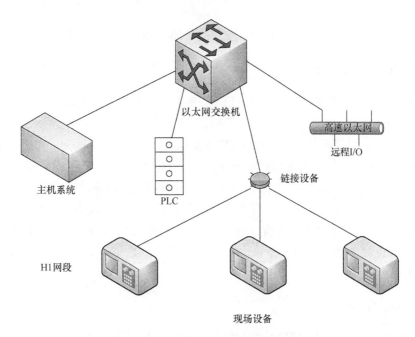

图 1.11　HSE 网络结构

网段与 100Mbit/s 的 HSE 主干网连接起来,通过链接设备,主机系统(host sys-tem)可对连接到链接设备的子系统(H1 网段)进行组态和监控。当然,主机系统也需对连接到以太网交换机(EtherNet switch)上的 HSE 设备(具有 HSE 通信接口的 PLC、Remote I/O 等)进行组态和监控。链接设备既有网桥,又有网关的功能。其网桥的功能是,能够使连接在其上的不同 H1 网段的设备之间互相通信。另外,它可承担网络中的时间发布和链路活动调度器的功能。其网关的功能是,能够实现 H1 网段的设备与 HSE 设备之间的互相通信。借助于链接设备的网关功能,现场总线基金会将 HSE 定位于使控制网络集成到世界通信系统 Internet 的思想得以实现。链接设备一方面将远程 H1 网段的现场信息送到 HSE 主干网上(这些信息可以通过以太网送到主控制室,并进一步送到企业的企业资源规划 ERP 和管理系统,操作员可以在主控制室直接使用网络浏览器等工具查看现场设备的运行情况);另一方面将控制信息从 HSE 主干网上送至 H1 的现场设备。在这里,链接设备完成封装工作,并将 H1 地址转换成 IPv4/IPv6 的地址或者相反[32,33]。

　　HSE 的目标之一是实现离散/批量/混合控制,为此开发了专用的 HSE 功能模块,即 8 通道模拟输入输出模块、8 通道离散输入输出模块,同时还开发了柔性功能模块。通过柔性功能模块可实现高级控制,如驱动协调控制、监督数据采集、批量顺控、燃烧管理、PLC-PLC 通信等,并可与非 FF 总线的网络系统相连接。

　　HSE 支持对交换机、链接设备的冗余配置与接线,也支持危险环境下的本征安全。

1.3　标　准　介　绍

1.3.1　IEC61158

1984 年，IEC 筹备成立了 IEC/TC65/SC65C/WG6 工作组，着手起草现场总线标准。1988 年，IEC/TC65/SC65C/WG6 与美国仪表协会 ISA(Instrument Society of America)下属的标准与实施(Standard and Practice,SP)第 50 工作组——ISA/SP50,本着协商一致的原则，开始联合制定"工业控制系统用现场总线"(fieldbus for use in industrial control system)国际标准 IEC61158。在标准制定过程中，因为一方面世界各国工业自动化公司已有各不相同的现场总线产品，另一方面已存在多种现场总线协议，所以各国意见相差甚远，工作进展十分缓慢。因此 IEC61158 也成为制定时间最长、投票次数最多、意见分歧最大的国际标准之一[34]。

1. IEC61158 第 1 版

IEC61158 最初是以 FF 协议为基础制定的，包括以下几部分，如表 1.3 所示。

表 1.3　IEC61158 现场总线组成部分介绍

IEC61158-1 现场总线 第 1 部分	总则(introductory guide)
IEC61158-2 现场总线 第 2 部分	物理层规范(physical layer specification)
IEC61158-3 现场总线 第 3 部分	数据链路服务定义(data link service definition)
IEC61158-4 现场总线 第 4 部分	数据链路协议规范(data link protocol specification)
IEC61158-5 现场总线 第 5 部分	应用层规范(application layer specification)
IEC61158-6 现场总线 第 6 部分	应用层协议规范(application layer protocol specification)
IEC61158-7 现场总线 第 7 部分	系统管理(system management)

其中，IEC61158-1 的标题为"IEC61158-1 TR 工业控制系统用现场总线标准 第 1 部分：总则"。该技术报告是 IEC61158 系列的绪论。它说明 IEC61158 的结构和内容，并阐述该结构与国际标准化组织 ISO7498 开放系统互联 OSI(open system interconnection)基本参考模型(basic reference model)的关系。

2. IEC61158 第 2 版

IEC61158 第 2 版包括以下几部分，如表 1.4 所示。

表 1.4　IEC61158

IEC61158-2(2000-08)工业控制系统用现场总线标准 第 2 部分	物理层规范与服务定义
IEC61158-3(2000-01)测量与控制用数字式数据通信系统 工业控制系统用现场总线 第 3 部分	数据链路服务定义
IEC61158-4(2000-01)测量与控制用数字式数据通信系统 工业控制系统用现场总线 第 4 部分	数据链路协议规范
IEC61158-5(2000-01)测量与控制用数字式数据通信系统 工业控制系统用现场总线 第 5 部分	应用层服务定义
IEC61158-6(2000-01)测量与控制用数字式数据通信系统 工业控制系统用现场总线 第 6 部分	应用层协议规范

进入 IEC61158 第 2 版的现场总线有 8 种类型(Type),如表 1.5 所示。

表 1.5　IEC61158 第 2 版现场总线类型

类别	名称
Type1	TS61158
Type2	ControlNet
Type3	Profibus
Type4	P-Net
Type5	FF HSE
Type6	SwiftNet
Type7	World FIP
Type8	Interbus

其中,Type1 为第 1 版的 IEC61158-3～IEC61158-6;Type2～Type8 的格式与 Type1 的格式相同。也就是说,第 2 版的 IEC61158 现场总线标准并不是以上 8 种现场总线协议的合订本,而是将每种现场总线协议打散,将其相应的内容分布于上面的 IEC61158-2～IEC61158-6 中。

3. IEC61158 第 3 版

IEC61158 第 3 版也包括 IEC61158-2～IEC61158-6 这几部分,IEC61158-3～ IEC61158-6 的标题(title)与第 2 版对应部分的标题相同。第 3 版 IEC61158-2 的标题为 IEC61158-2 TR 测量与控制用数字式数据通信系统 工业控制系统用现场总线 第 2 部分:物理层规范。

IEC61158 第 3 版规定了 10 种类型的网络协议,如表 1.6 所示。

表 1.6　IEC61158 第 3 版网络协议类型

类别	名称
Type1	TS61158
Type2	ControlNet、EtherNet/IP
Type3	Profibus
Type4	P-Net
Type5	FF HSE
Type6	SwiftNet
Type7	World FIP
Type8	Interbus
Type9	FF H1
Type10	Profinet(CBA)

与第 1、2 版不同,第 3 版的 IEC61158 不是由 WG6 制定的,而是由 MT9 修改而成的。MT9 为标准现场总线 IS61158 的修改组(Maintenance Team for Standard Fieldbus IS61158),如表 1.7 所示。

表 1.7　IEC61158 第 3 版

类别	名称	类别	名称
Type1	TS61158	Type11	TCnet
Type2	CIP	Type12	EtherCAT
Type3	Profibus	Type13	Ethernet Powerlink
Type4	P-Net	Type14	EPA
Type5	FF HSE	Type15	Modbus-RTPS
Type6	SwiftNet(撤销)	Type16	SERCOS Ⅰ、Ⅱ
Type7	World FIP	Type17	VNET/IP
Type8	Interbus	Type18	CC-Link
Type9	FF H1	Type19	SERCOS Ⅲ
Type10	Profinet	Type20	HART

IEC61158 之所以不得不采纳多种现场总线,一是技术原因,当时在技术上没有一种现场总线对所有应用领域是最优的,每种现场总线都有其适用范围,在其适用范围内,它是最优的或较好的;在其适用范围之外,它就是较差的或不该使用的。事实上,应用领域的不同正是使不同现场总线得以产生和发展的重要因素之一。

二是利益驱动,由于各大公司认识到现场总线所蕴涵的经济潜力和巨大商机,也为了在竞争中领先,在标准出台前,不少公司,特别是大型跨国公司均已投入大量资金开发各自的现场总线产品,并占有各自的市场份额。出于保护自身投资利益的需要,各大公司和总线组织都力争使自己支持的现场总线成为国际标准。相互讨价还价,乃至针锋相对的结果,导致多种现场总线进入了 IEC61158。

1.3.2 IEC62026

除了 IEC61158 这个现场总线的标准外,IEC 的 TC17B 制定了另一个非常重要的标准 IEC62026。它是由 IEC/TC17/SC17B/WG3 制定的,是关于"低压开关装置和控制装置用控制电路装置和开关组件"(control circuit devices and switching elements for low-voltage switchgear and controlgear)的现场总线标准,即设备层现场总线。其中汇集了多种 I/O 设备级的现场总线。它的各部分如表 1.8 所示。

表 1.8 IEC62026 分类及总则

分类	名称
IEC62026-1	总则(general requirements)
IEC62026-2	AS-I(actuator sensor interface)
IEC62026-3	DeviceNet
IEC62026-4	LonTalk
IEC62026-5	SDS(smart distributed system)
IEC62026-6	SMCB(serial multiplexed control bus)
IEC62026-7	CompoNet

随着技术的发展与市场的选择,TC17B 分别于 2000 年 6 月删去了 IEC62026-4、IEC62026-6,2006 年删去了 IEC62026-5,2007 年 6 月更新了 IEC62026-1,2008 年 1 月更新了 IEC62026-2、IEC62026-3,并于 2010 年 12 月增加了 IEC62026-7[34]。

1.3.3 IEC61784

IEC61158 系列标准是概念性的技术规范,它不涉及现场总线的具体实现。为了使开发人员、用户能够方便地进行产品设计、应用选型,IEC/SC65C 制定了和 IEC61158 配套的 IEC61784 标准,该标准由以下部分组成。

(1) IEC61784-1:用于连续和离散制造的工业控制系统现场总线行规集。

(2) IEC61784-2:基于 ISO/IEC8802.3 实时应用的通信网络附加行规。

（3）IEC61784-3：工业网络中功能安全通信行规。

（4）IEC61784-4：工业网络中信息安全通信行规。

（5）IEC61784-5：工业控制系统中通信网络安装行规。

IEC61784 的名字是"工业控制系统中与现场总线有关的连续和分散制造业中用行规集"。不同的现场总线，使用的通信协议也不同，IEC 把它们按 IEC61158 中相对应的标准分类定义，所以说 IEC61784 是一个"通信行规分类集"（communication profile family，CPF）。它叙述了一个特定现场总线系统通信所使用的某个子集。在该标准中，展示了不同的现场总线所属的通信行规族以及它们所对应的 IEC61158 的总线类型。IEC61784-1 规定的现场总线行规集见表 1.9，IEC61784-2 规定的实时以太网行规集见表 1.10，其中 CPF10～CPF16 为新增的 7 种实时以太网。

表 1.9　IEC61784-1 现场总线的 CPF

通信行规 CPF	技术名	在 IEC61158 中的对应类型
CPF1	Foundation Fieldbus	1,9
CPF2	CIP	2
CPF3	Profibus	3
CPF4	P-Net	4
CPF5	World FIP	7
CPF6	Interbus	8
PF8	CC-Link	18
CPF9	HART	20
CPF16	SERCOS Ⅰ、Ⅱ	16

表 1.10　IEC61784-2 实时以太网的 CPF

通信行规 CPF	技术名	IEC/PAS 号	在 IEC61158 中的对应类型
CPF2	EtherNet/IP	IEC/PAS62413	5
CPF3	Profinet	IEC/PAS62411	10
CPF4	P-Net	IEC/PAS62412	4
CPF6	Interbus	—	—
CPF10	VNET/IP	IEC/PAS62405	17
CPF11	TCnet	IEC/PAS62406	11
CPF12	EtherCAT	IEC/PAS62407	12
CPF13	Ethernet Powerlink	IEC/PAS62408	13
CPF14	EPA	IEC/PAS62409	14
CPF15	Modbus-RTPS	IEC/PAS62030	15
CPF16	SERCOS Ⅲ	IEC/PAS62410	19

1.3.4 现场总线中国标准

我国有关协议的标准化工作的基本方针是等效采用 IEC 标准,因此相应于 IEC62026 和 IEC61158 开展了中国现场总线标准的研究工作,现已取得了一定成果。

1. 与 IEC62026 相应的现场总线中国标准

2002 年 12 月,国家标准委员会批准发布了以下三个与 IEC62026 相对应的现场总线中国标准,如表 1.11 所示[34]。

表 1.11 中国标准

标准号	描述
GB 18858.1—2002	低压开关设备和控制设备控制器 设备接口第 1 部分:总则
GB 18858.2—2002	低压开关设备和控制设备控制器 设备接口第 2 部分:执行器-传感器接口(AS-I)
GB 18858.3—2002	低压开关设备和控制设备控制器 设备接口第 3 部分:DeviceNet

随着技术的发展,IEC62026 也进行了修订,国家标准委员会于 2012 年 11 月批准发布了 GB 18858.1、GB 18858.2、GB 18858.3 的修订版,又于 2014 年 6 月批准发布增加了 GB 18858.7 的版本,如表 1.12 所示。

表 1.12 修订版

标准号	描述
GB 18858.1—2012	低压开关设备和控制设备控制器 设备接口第 1 部分:总则
GB 18858.2—2012	低压开关设备和控制设备控制器 设备接口第 2 部分:执行器-传感器接口(AS-I)
GB 18858.3—2012	低压开关设备和控制设备控制器 设备接口第 3 部分:DeviceNet
GB 18858.7—2014	低压开关设备和控制设备控制器 设备接口第 7 部分:CompoNet

2. 与 IEC61158 相应的现场总线中国标准

1) 推荐性标准(表 1.13)

表 1.13 推荐性国家标准

名称	国家标准号	标准名称
EPA	GB/T 20171—2006	用于工业测量与控制系统的 EPA 系统结构与通信规范
Modbus	GB/Z 19582—2008	基于 Modbus 协议的工业自动化网络规范
Profibus	GB/T 20540—2006	测量和控制数字数据通信工业控制系统用现场总线类型 3:Profibus 规范

名称	国家标准号	标准名称
Profinet	GB/T 20541—2006	测量和控制数字数据通信工业控制系统 用现场总线类型 10：Profinet 规范
HART	GB/T 29910—2013	工业通信网络现场总线规范类型 20：HART 规范
CC-Link	GB/T 19760—2008	CC-Link 控制与通信网络规范

2）指导性标准（表 1.14）

表 1.14　指导性国家标准

名称	国家标准号	标准名称
LonWorks	GB/Z 20177—2006	控制网络 LonWorks 技术规范
Profisafe	GB/Z 20830—2007	基于 Profibus-DP 和 Profinet-IO 的功能安全通信行规-Profisafe
ControlNet、 EtherNet/IP	GB/Z 26157—2010	测量和控制数字数据通信工业控制系统用现 场总线类型 2：ControlNet 和 EtherNet/IP 规范
Interbus	GB/Z 29619—2013	测量和控制数字数据通信工业控制系 统用现场总线类型 8：Interbus 规范
Profinet-IO	GB/Z 25415—2010	工业通信网络现场总线规范类型 10：Profinet-IO 规范

1.4　现场总线与工业以太网技术的发展趋势

1.4.1　现场总线技术的发展趋势

统一的国际标准是现场总线发展的关键,但是由于种种原因造成了现场总线的标准不能统一。另外,网络和通信技术的发展也促进了现场总线技术的发展,总的来说,现场总线的发展趋势表现如下。

1）多种现场总线并存

虽然国际标准 IEC61158 已经建立,但是它是多方面妥协的结果,不是统一的现场总线标准,它包括多种现场总线标准,每个标准都有其固有的优势和用户群。在这种情况下,支持这些标准的组织将会继续加大对现场总线技术的研究,以争取更多用户,以达到事实上的国际标准。而那些没有纳入国际标准的现场总线,如LonWorks,也不会退出竞争,而是积极的参与竞争,扩大市场。可以预见的是,在未来一段时间内,市场上的现场总线仍然是多种标准并存。

2）多种协议的集成

各个协议组织一方面继续研究本身支持的协议之外,另一方面积极地和其他组织进行合作,提高竞争力。例如,ALSTON 公司加入了 FF,使得 World FIP 与 FF 之间的联合加强。由此可见,随着各种协议组织合作的越来越紧密,协议之间的融合现象会越来越明显。

3) 通信方式的改变

原先的现场总线采用双绞线进行通信,而采用双绞线进行通信可能存在着传输速率低、布线困难等缺点,随着工业控制的发展,对于通信的要求也越来越高,在这种情况下,采用光纤、无线电波的方式进行通信的应用例子也越来越多,所以,未来的现场总线的通信方式会趋于多样化。

4) 以太网的技术逐渐融入现场总线中

虽然以太网中的 TCP/IP 协议已成为 IT 通信的实际标准,但在过去一段时间内,人们一直以为以太网不适合应用在工业控制上面,因为他们认为其通信机制并不满足工业控制通信的实时性和可靠性要求。但随着技术的发展,以太网的网络传输质量也得以保证,在这种情况下,以太网的技术逐渐渗透到工业控制中,出现了现场总线型网络技术与以太网/因特网开放型网络技术的自然结合。在这种方式下,以太网不仅可以成为工业高层网络上的信息系统,也可以连接底层的生产设备。另外由于现场总线标准的不一致,人们期望用统一以太网标准来实现工业控制方式的统一[35]。

现场总线技术的发展应体现在两个方面:一是低速现场总线领域的继续发展和完善;二是高速现场总线技术的发展。目前现场总线产品主要是低速现场总线产品,应用于运行速率较低的领域,对网络的性能要求不是很高。从应用状况来看,无论 FF 和 Profibus,还是其他一些现场总线,都能较好地实现速率要求较慢的过程控制。因此在速率要求较低的控制领域,谁都很难统一整个世界市场。而现场总线的关键技术之一是互操作性,实现现场总线技术的统一是所有用户的愿望。高速现场总线主要应用于控制网内的互联,连接控制计算机、PLC 等智能程度较高、处理速度快的设备,以及实现低速现场总线网桥间的连接,它是充分实现系统的全分散控制结构所必需的。

1.4.2　工业以太网技术的发展趋势

由于以太网具有应用广泛、价格低廉、通信速率高、软硬件产品丰富、应用支持技术成熟等优点,目前它已经在工业企业综合自动化系统中的资源管理层、执行制造层得到了广泛应用,并呈现向下延伸直接应用于工业控制现场的趋势。从目前国际、国内工业以太网技术的发展来看,目前工业以太网在制造执行层已得到广泛应用,并成为事实上的标准。未来工业以太网将在工业企业综合自动化系统中的现场设备之间的互连和信息集成中发挥越来越重要的作用[36]。总的来说,工业以太网技术的发展趋势将体现在以下几个方面。

1. 工业以太网与现场总线相结合

工业以太网技术的研究还只是近几年才引起国内外工控专家的关注。而现场总线经过十几年的发展,在技术上日渐成熟,在市场上也开始了全面推广,并且形成了一定的市场。就目前而言,全面代替现场总线还存在一些问题,需要进一步深入研究基于工业以太网的全新控制系统体系结构,开发出基于工业以太网的系列产品。因此,近一段时间内,工业以太网技术的发展将与现场总线相结合,具体表现在以下方面:

(1) 物理介质采用标准以太网连线,如双绞线、光纤等;

(2) 用标准以太网连接设备(如交换机等),在工业现场使用工业以太网交换机;

(3) 用 IEEE802.3 物理层和数据链路层标准、TCP/IP 协议组;

(4) 应用层(甚至是用户层)采用现场总线的应用层、用户层协议;

(5) 兼容现有成熟的传统控制系统,如 DCS、PLC 等。

这方面比较典型的应用有法国施耐德公司推出"透明工厂"的概念,即将工厂的商务网、车间的制造网络和现场级的仪表、设备网络构成畅通的透明网络,并与Web 功能相结合,与工厂的电子商务、物资供应链和 ERP 等形成整体。

2. 工业以太网技术直接应用于工业现场设备间的通信

针对工业现场设备间通信具有实时性强、数据信息短、周期性较强等特点和要求,经过认真细致的调研和分析,采用以下技术基本解决了以太网应用于现场设备间通信的关键技术:

(1) 实时通信技术。其中采用以太网交换技术、全双工通信、流量控制等技术,以及确定性数据通信调度控制策略、简化通信栈软件层次、现场设备层网络微网段化等针对工业过程控制的通信实时性措施,解决了以太网通信的实时性。

(2) 总线供电技术。采用直流电源耦合、电源冗余管理等技术,设计了能实现网络供电或总线供电的以太网集线器,解决了以太网总线的供电问题。

(3) 远距离传输技术。采用网络分层、控制区域微网段化、网络超小时滞中继以及光纤等技术解决以太网的远距离传输问题。

(4) 网络安全技术。采用控制区域微网段化,各控制区域通过具有网络隔离和安全过滤的现场控制器与系统主干相连,实现各控制区域与其他区域之间的逻辑上的网络隔离。

(5) 可靠性技术。采用分散结构化设计、EMC 设计、冗余、自诊断等可靠性设计技术等,提高基于以太网技术的现场设备可靠性,经实验室 EMC 测试,设备可靠性符合工业现场控制要求。

　　所以,EtherNet 不仅继续垄断商业计算机网络通信和工业控制系统的上层网络通信市场,也必将领导未来现场总线的发展,EtherNet＋TCP/IP 将成为器件总线和现场总线的基础协议。EtherNet 在工业控制领域中的应用将越来越广泛,市场占有率的增长也越来越快,已有的现场总线有它自己的市场定位,将来仍将保持这种状况,或与工业以太网相结合。现场总线不可能为工业以太网所替代,但后者发展的巨大潜力决不容忽视,其应用领域定将不断地得到扩展[37]。

第2章 工业通信基础知识

2.1 传 输 介 质

传输介质是网络中传输数据信号的物理媒体。网络传输介质通常分为有线介质和无线介质。常用的有线介质有双绞线、同轴电缆、光纤等;无线介质就是通过自由空间传送的电磁波,电磁波按波长分为无线电波、微波、红外和激光等。

2.1.1 有线介质

传输介质是网络中连接收发双方的物理通路,也是通信中实际传送信息的载体,主要包括以下特性:

(1)物理特性。传输介质的物理结构、形态尺寸和覆盖范围等。

(2)传输特性。传输的信号(数字信号或模拟信号)、调制技术、传输容量、传输频率范围等。

(3)连通特性。允许点对点或多点通信。

(4)地理范围。传输介质的最大传输距离。

(5)抗干扰性。抗电磁干扰能力、传输误码率等。

(6)价格。器件、安装与维护费用。

传输介质在形态上分为有线和无线两类。有线介质表现为有形连续的形式,在目前典型的计算机网中多采用有线介质。常用的有线介质有双绞线、同轴电缆和光纤等。无线介质灵活、方便,在运动对象或一些不能架设电缆的环境中有着重要的地位。常用的无线数据通信方法有微波通信、红外通信与激光通信等。

传输介质的选择受网络拓扑、网络连接方式的限制,应该支持所希望的网络通信量,并根据系统的可靠性要求、传输的数据类型、网络覆盖的地理范围、节点间的距离等因素,选择合适的传输介质。

有线介质主要种类如下。

1. 双绞线

金属导线是使用最广泛的一种传输介质,传输通信信号的专用导线通常是双绞线。双绞线的线芯是两根相互绝缘的金属导线,并按照一定的节距互相绞合,这种方式可减少线间寄生电容和外界的电磁干扰。通常一根双绞线电缆中可由一对或者几对双绞线构成。

双绞线可分为屏蔽双绞线(STP)和非屏蔽双绞线(UTP)两大类。屏蔽双绞线外层由一层金属材料包裹,以减小辐射、防止信息被窃听,同时具有较高的数据传输速率,但价格较高,安装也比较复杂;非屏蔽双绞线无金属屏蔽材料,只由一层绝缘胶皮包裹,价格相对便宜,组网灵活。除某些特殊场合(如电磁辐射严重、对传输质量要求较高等)在布线中使用屏蔽双绞线外,一般情况下都采用非屏蔽双绞线。

迄今为止,美国电子工业协会(EIA)规定了六种质量级别的双绞线电缆,其中 1 类线的档次最低,6 类线的档次最高[38,39]。

1 类:在电话系统中使用的基本双绞线。这个级别的电缆只适于传输语音。

2 类:一种质量级别更高的双绞线电缆。这种电缆适于语音传输及进行最大速率为 4Mbit/s 的数字数据传输。

3 类:目前在大多数电话系统中使用的标准电缆。这种电缆每英尺(1 英尺≈0.3m)至少需要绞合三次,其传输频率为 16MHz,数据传输速率可达 10Mbit/s,主要用于 10base-T 网络。

4 类:这种电缆每英尺也至少需要绞合三次,其传输频率为 20MHz,数据传输速率可达 16Mbit/s,主要用于 10base-T、100base-T 和基于令牌的局域网。

5 类:这种电缆增加了绞合密度,每英寸(1 英寸=2.54cm)至少需要绞合三次。其传输频率为 100MHz,数据传输速率可达 100Mbit/s,主要用于 100base-T 和 10base-T 网络。

6 类:这种电缆仍为 4 线对,并在电缆中有一个十字交叉中心把 4 个线对分隔在不同的信号区内。此外,这种电缆的绞合密度在 5 类电缆的基础上又有所增加。其传输频率早先被定为 200MHz,但目前已被提高到 250MHz。

目前常用的屏蔽双绞线分为 3 类和 5 类两种,非屏蔽双绞线可分为 3 类、4 类、5 类和超 5 类四种。3 类非屏蔽双绞线适应了以太网(10Mbit/s)对传输介质的要求,是早期网络中重要的传输介质;4 类非屏蔽双绞线用于语音传输和最高传输速率为 16Mbit/s 的数据传输,4 类因标准推出比 3 类晚,而传输性能与 3 类相比并没有提高多少,所以一般较少使用;5 类非屏蔽双绞线的速率可达 100Mbit/s,超 5 类更可达 155Mbit/s 以上,5 类、超 5 类因价廉质优而成为快速以太网(100Mbit/s)的首选介质,超 5 类的用武之地是千兆位以太网(1000Mbit/s)。现在市场上常见的是超 5 类非屏蔽双绞线[40,41]。双绞线主要特性如下:

(1) 物理特性。铜质线芯,传导性能良好。

(2) 传输特性。双绞线最普遍的应用是语音信号的模拟传输。使用双绞线或调制解调器传输模拟信号数据时,传输速率可达 9600bit/s,24 条音频通道总的数据传输速率可达 230kbit/s。

(3) 连通性。双绞线可以用于点对点连接,也可用于多点连接。

（4）地理范围。双绞线用作远程中继站时，最大距离可达 15km。用于 10Mbit/s 局域网时，因为信号衰减，所以最远的传输距离为 100m，超过 100m 就需要一个中继设备对信号进行放大处理。用双绞线组网时，信号经过的网段最多不能超过 5 段，也就是所加的中继器最多为 4 个，而且只有 3 个段用来接工作站。

（5）抗干扰性。双绞线的抗干扰能力取决于一根线中相邻对的扭曲长度及适当的屏蔽。在低频传输时，其抗干扰能力相当于同轴电缆，在 10～100kHz 时，其抗干扰能力低于同轴电缆。

（6）价格。双绞线的价格低于其他传输介质，且安装、维护方便。

为了减少外界电磁辐射的影响，通信电缆通常采用在双绞线外加金属屏蔽层的方法，这可以是在电缆的外层和/或每个绞线对的外层由铝箔或金属导线编织网包裹，通过将屏蔽层接地可以减小外部电磁辐射对绞线对内部弱电通信信号的影响（图 2.1 所示的 DeviceNet 通信电缆内部包含一对双绞数据线，一对双绞电源线，它们具有双层的屏蔽），它具有抗电磁干扰能力强、传输速率高等优点，但它也存在安装复杂、成本较高的缺点[42]。

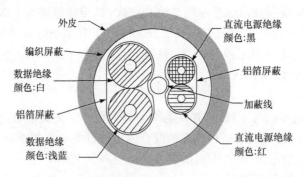

图 2.1　具有双层屏蔽的 DeviceNet 电缆的截面

2. 同轴电缆

同轴电缆是一种用途广泛的传输介质。如图 2.2 所示，同轴电缆是指线芯是两个同心导体，中间的导体是一个线芯，另一个线芯是由套在中间线芯外的圆柱形绝缘材料隔开的导电的屏蔽层，内导体与外导体构成一组线对。它们组成同轴心的电缆。最常见的同轴电缆由绝缘材料隔离的铜线导体组成，在里层绝缘材料的外部是另一层环形导体及其绝缘体，然后整个电缆由塑料护套包住。同轴电缆的最外层是能够起保护作用的塑料外皮。同轴电缆外层导体的结构使其不仅能够充当导体的一部分，而且能起到屏蔽作用。这种屏蔽一方面能防止外部环境造成的干扰，另一方面能阻止内层导体的辐射能量干扰其他导线。同轴电缆既可传输模拟信号又可传输数字信号。在长途传输模拟信号过程中，大约每隔几千米就需要使用放大器，传输频率越高放大器的间距就越小。与双绞线相比，同轴电缆抗干扰

能力强,能够应用于传输频率更高、数据传输速率更快的情况。对其性能造成影响
的主要因素来自衰损和热噪声,采用频分复用技术时还会受到交调噪声的影响。
同轴电缆的特性阻抗非常均匀,可以支持高带宽通信,但也具有体积大、不能承受
压力和弯曲、成本高等缺点[43]。

同轴电缆的结构示意图如图 2.2 所示。

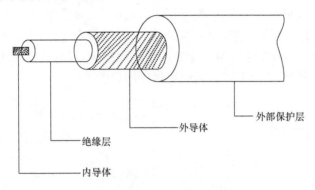

外部保护层

外导体

绝缘层

内导体

图 2.2　同轴电缆结构示意图

同轴电缆的主要特性如下:

(1) 物理特性。同轴电缆的特性参数由内、外导体及绝缘层的电参数与机械
尺寸决定。

(2) 传输特性。同轴电缆根据其带宽的不同,可以分为两种。一种是 50Ω 电
缆,用于数字传输,由于多用于基带传输,称为基带同轴电缆;另一种是 75Ω 电缆,
用于模拟传输,称为宽带同轴电缆。宽带同轴电缆可以使用频分多路复用方法将
其频带划分成多条通信信道,可使用各种调制方式支持多路传输。宽带同轴电缆
也可以只用于 1 条通信信道的高速数字通信,此时称为单信道宽带。

(3) 连通性。同轴电缆既支持点对点连接,也支持多点连接。基带同轴电缆
可支持数百台设备的连接,而宽带同轴电缆可支持多达数千台设备的连接。

(4) 地理范围。基带同轴电缆使用的最大距离限制在几千米范围内,而宽带
同轴电缆最大距离可达几十千米。

(5) 抗干扰性。同轴电缆的结构使得它的抗干扰能力较双绞线强。

(6) 价格。同轴电缆的造价介于双绞线与光纤之间,使用与维护较方便。

3. 光纤

光纤是光导纤维的简写,是由一组光导纤维组成的用来传播光束的、细小而柔
韧的传输介质。应用光学原理,由光发送机产生光束,将电信号变为光信号,再把
光信号导入光纤,在另一端由光接收机接收光纤上传来的光信号,并把它变为电信
号,经解码后再处理。光纤结构如图 2.3 所示,由光纤芯、包层、保护层构成。按照

传输光信号的模式光纤可分为单模光纤和多模光纤。单模光纤和多模光纤可以从纤芯的尺寸大小来简单地判别。单模光纤的纤芯很小，为 $4\sim10\mu m$，单模光纤直径与光波波长相等，只允许光信号在一条光纤中直线传输，即只有一条光路；在无中继条件下，它的传播距离可达几十千米，一般采用单波长的激光作为光源。多模光纤允许多条不同入射角的光信号在一条光纤中传输，即可有多条光路；在无中继条件下，传播距离可达几千米，一般采用 LED 光源。多模光纤又分为多模突变型光纤和多模渐变型光纤。前者纤芯直径较大，传输模态较多，因而带宽较窄，传输容量较小；后者纤芯中折射率随着半径的增加而减少，可获得比较小的模态色散，因而频带较宽，传输容量较大，目前一般都应用后者[44-46]。

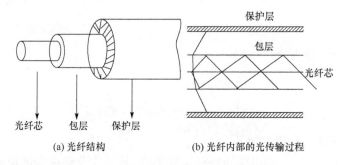

图 2.3　光纤结构示意图

光纤的主要特性如下：

（1）物理特性。光纤是直径在数百微米以内、柔软的光波导介质。多种掺杂的石英玻璃（二氧化硅）或塑料可以用来制造光纤，其中使用超高纯度的石英玻璃纤维制作的光纤可以得到最低的传输损耗。在折射率较高的单根光纤外面，用折射率较低的包层将其包裹起来，就可以构成一条光纤通道；多条光纤组成一束，就构成一条光缆。

（2）传输特性。光导纤维通过内部的全反射来传输经过编码或调制的光信号。光载波调制可以采用幅移键控 ASK 调制方式进行强度调制。单模光纤的性能优于多模光纤。

（3）连通性。光纤最普遍的连接方法是点对点方式，在某些实验系统中，也可以采用多点连接方式。

（4）地理范围。光纤信号衰减极小，它可以在很长的距离内实现无中继的高速数据传输。

（5）抗干扰性。光纤不受外界电磁干扰与噪声的影响，能在长距离、高速率的传输中保持低误码率。双绞线典型的误码率在 $10^{-6}\sim10^{-5}$，基带同轴电缆的误码率低于 10^{-7}，宽带同轴电缆的误码率低于 10^{-9}，而光纤的误码率可以低于 10^{-10}。因此，光纤传输的安全性与可靠性很好。

（6）价格。目前,光纤价格高于同轴电缆与双绞线。

光纤的高带宽使它在同样的传输性能下比同轴电缆或双绞线要轻巧得多,这样,在对重量和体积敏感而对成本不太计较时可选择光纤。光纤通信已成为现代信息传输的重要方式之一,它具有容量大、中继距离长、保密性好、不受电磁干扰和节省铜材等优点。光纤的这些特性使得它在高电压、大电流、电磁环境非常恶劣的条件下也成为首选的传输介质[47,48]。

2.1.2　无线介质

无线通信主要有无线电波通信、微波通信、红外通信与激光通信等,卫星通信可看成一种特殊的微波通信系统。微波在波频率很高时,可以同时传送大量信息。例如,一个带宽为 2MHz 的微波频段就可以容纳 500 路语言信道;当用于数字通信时,数据传输速率可达若干兆比特每秒。微波属于一种视距传输,它沿直线传播,不能绕射。红外通信与激光通信也属于方向性极强的直线传播,发送方与接收方必须可以直视,中间没有阻挡。由于微波通信信道、红外通信信道与激光通信信道都不需要铺设电缆,因此对于连接不同建筑物之间的局域网特别有用。目前正在发展的无线局域网,其将获得广泛应用[49,50]。

无线通信几个主要种类由于波长不同,它的传输特性各不相同,各有适用的范围。无线的频率 30kHz～300MHz(对应波长 10km～1m),微波的频率 300MHz～300GHz(对应波长 1m～1mm),红外波的频率 $300～3.9×10^5$ GHz(对应波长 1mm～770nm)。

1. 无线电波(30kHz～300MHz)

无线电波是指在自由空间(包括空气和真空)传播的射频频段的电磁波。无线电技术是通过无线电波传播声音或其他信号的技术。

无线电技术的原理在于,导体中电流强弱的改变会产生无线电波。利用这一现象,通过调制可将信息加载于无线电波之上。当电波通过空间传播到达收信端,电波引起的电磁场变化又会在导体中产生电流。通过解调将信息从电流变化中提取出来,就达到了信息传递的目的

2. 微波(300MHz～300GHz)

微波是指频率为 300MHz～300GHz 的电磁波,是无线电波中一个有限频带的简称,即波长在 1m(不含 1m)～1mm 的电磁波,是分米波、厘米波、毫米波的统称。微波频率比一般的无线电波频率高,通常也称为"超高频电磁波"。

地面微波通信是一种在对流层视距范围内,利用微波波段的电磁波进行信息传输的通信方式。以这种方式进行长途通信时,需要在终端站之间建立中继站,如

图 2.4 所示。中继站的功能是进行变频、放大和功率补偿,其数量的多少则与传输距离和地形地貌有关。由于微波通信一次只能朝一个方向传播信号,因而若以这种方式实现像电话交谈这样的双向通信,就需要采用两个频率分别用于不同方向的信息传输。每种频率的信号需要有各自的接收装置和发送装置,一般这两种装置已被集成在一起,以便使用一个天线就能完成接收和发送某个频率信号的工作[51]。

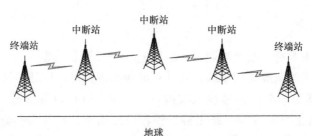

图 2.4　微波通信示意图

　　微波天线一般被安装在地势较高的位置上。天线的位置越高,发送出去的信号就越不易为高大建筑物和山丘所阻挡,并使信号在被地球表面挡住之前传播至更远的距离。若天线之间没有障碍物,可采用以下公式计算两者间的最大距离:

$$d = 7.4 \sqrt{Kh} \tag{2.1}$$

式中,d 是两天线间的距离,km;h 是天线的高度,m;K 是调节因子,其取值一般是 4/3。

　　地面微波接力信道既可以传输模拟信号又可以传输数字信号。模拟微波通信通过采用调频技术,每个射频信道可开通 300～3600 个话路;而数字微波通信则一般采用相移键控技术。目前,地面微波通信系统常用于长途电信服务、电视信号传播等方面。近几年建筑物间点对点短距离通信也逐步成为地面微波通信的一种应用。

　　与其他通信方式相比,地面微波通信具有以下优点:频带宽,通信容量大;通信质量好,可靠性高;在远距离传输中,与导向性介质相比地面微波通信的建设费用较低,能节省大量金属资源;较之同轴电缆和双绞线,地面微波通信机动灵活,更易于克服地理条件的限制。

　　当然微波传输不免也存在着一些缺点,如相邻站点之间不得有障碍物、中继站不便于建立和维护、通信保密性差、易被窃听等[52]。

　　3. 红外线(300～3.9×10^5 GHz)

　　温度高于绝对零度的物体都会辐射出人眼无法看到的红外线,其波长比红光长,因此称为红外。红外线通信是以红外线为载体将信息从发射端传至接收端,从而实现信息传递的通信方式。这种通信方式不受无线电波干扰,并且不会受到国家无线电管理委员会的限制。通信中常用的红外波段是波长为 950nm 的近红外。红外线被广泛应用于室内短距离通信,一般家庭中使用的电视机、空调的遥控器就是利用红外线技术遥控的。利用红外线来传输信号,在收、发端分别接有红外线的发送器和接收器,但二者必须在可视范围内,中间不允许有障碍物。这样尽管使信号的传输区域受到了限制,但这在一定程度上却提高了通信的安全性,信号不易被窃听。

近年来由于相关技术的快速发展,红外线无线传输技术有了飞跃性的进步。1993 年,旨在建立红外线无线传输统一标准的国际红外线数据标准协会(IrDA)在美国成立。迄今为止,该协会已相继制定出支持 2400bit/s、115.2kbit/s、1.152Mbit/s、4Mbit/s、16Mbit/s 的标准。

现在带有红外通信接口的设备已很常见,如打印机、移动电话及便携式计算机等。红外通信系统主要实现了在便携式计算机之间进行的以红外线为载体的信息传递,但这仅限于点对点的通信。随着技术的不断发展,红外线通信系统将发展成为一种能在特定区域内完成多点通信的系统,乃至能够进一步取代室内有线网络。

与传统的通信相比,红外线通信具有以下优点:便于基带信号调制;有较高的传输数据速率,可达到 16Mbit/s;接收装置和发送装置成本低廉,制造工艺简单;单传输装置体积小,可内置在通信设备中;传输过程无污染等。缺点是对环境因素(如天气)较为敏感,传输距离有限,穿透性差,因而只能在室内和近距离使用[53]。

4. 激光($10^{14} \sim 10^{15}$ Hz)

激光工作频率为 $10^{14} \sim 10^{15}$ Hz。激光通信是利用激光束来传输信号,即将激光束调制成光脉冲以传输数据,它与红外同属光波,有很强的方向性,沿直线传播,不能传输模拟信号。激光通信必须配置一对激光收发器,且安装在视线范围内。激光具有高度的方向性,能产生非常纯净(单一波长)的窄光束,同时具有更高的能量输出因而很难被窃听、插入数据和进行干扰,但缺点是传输距离有限且易受环境(如雨、雾等)的干扰。激光在射向目标中途不会产生反射现象,故激光通信网络只能直接连接,一般用于长途通信中需高数据速率的场合。

2.2　数字编码方式

数字数据传输时,需要解决数字信号表示方式以及收发两端之间的信号同步问题。对于传输数字信号来说,最简单最常用的方法是用不同的电压电平来表示两个二进制数字,即数字信号由矩形脉冲组成,其中用直流信号表示二进制中"0"

和"1"的信号形式被称为码型。数据的数字编码方式很多,下面给出了几种数字信号最常见的编码方式。

1. 单极性不归零编码(NRZ)

单极性不归零编码是最简单、最基本的编码,它只使用一个电压值(0 和 1)表示数据信息。在数据通信设备内部,由于电路之间或元器件之间距离很短,都采用单极性编码这种比较简单的信号编码形式。单极性不归零编码除简单高效外,还具有廉价的特点。单极性不归零编码如图 2.5(a)所示。

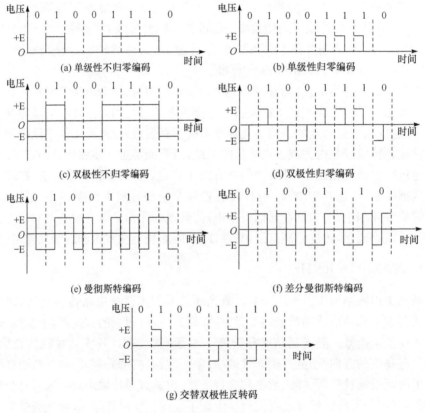

图 2.5　几种常见编码示意图

但是,采用单极性不归零编码传输数据,若出现连"0"或连"1"的码型时,会失去定时信息,不利于传输中对同步信号的提取;其次,连续的长"1"或长"0"的码型使传输信号出现直流分量,不利于接收端的判决工作。例如,数据流中有 5 个连续的"1"被传输,发送端应是一个 0.005s 长度的正电压,由于时延影响,接收端检测到一个 0.006s 长度的正电压,从而导致接收端多读入一个"1",这个多余的"1"被解码后导致错误。此外,接收端的时钟可能不同步,从而导致接收端错误地读入比特数据流。

2. 单极性归零编码(RZ)

单极性归零编码对于数据"1",对应一个＋E 脉冲或－E 脉冲,脉冲宽度比每位传输周期要短,即每个脉冲都要提前降到零电位;对于数据"0"则不对应脉冲,仍按 0 电平传输。单极性归零编码如图 2.5(b)所示。

3. 双极性不归零编码(NRZ)

双极性不归零编码对于数据"1",用＋E 或－E 电平传输;对于数据"0",用－E 或＋E 电平传输,如数据通信中使用的 RS232 接口就采用这种编码传输方式,其特点基本上与单极性不归零编码相同。双极性不归零编码如图 2.5(c)所示。

4. 双极性归零编码(RZ)

双极性归零编码对于数据"1",用＋E 或－E 电平传输;对于数据"0",用－E 或＋E 电平传输,且相应脉冲宽度都比每位数据所需传输周期要短;对于任意数据组合之间都有 0 电位相隔。这种编码有利于传输同步信号,但仍有直流分量问题。双极性归零编码如图 2.5(d)所示。

5. 曼彻斯特编码与差分曼彻斯特编码

曼彻斯特编码不用电平的高低表示二进制,而是用电平的跳变来表示。曼彻斯特编码的规律为:对于数据"1",前半周期为－E 电平,后半周期为＋E 电平;对于数据"0",则前半周期为＋E 电平,后半周期为－E 电平,或者以相反规律来表示"1""0",即通过传输每位数据中间的跳变方向表示传输数据的值,如图 2.5(e)所示。这种编码方式与前几种编码方式相比,在曼彻斯特编码中,每一个比特的中间均有一个跳变,这个跳变既作为时钟信号,又作为数据信号,每传输一位数据都对应一次跳变,这有利于同步信号的提取;对于每一位数据其＋E 或－E 电平占用的时间相同,因此直流分量保持恒定不变,有利于接收端判决电路的工作。但是,数据编码后脉冲频率为数据传输速率的 2 倍。曼彻斯特编码广泛地用于 10M 以太网和无线寻呼的编码中[54]。

对于差分曼彻斯特编码,和曼彻斯特编码一样,在每个比特时间间隔的中间,信号都会发生跳变,它们之间的区别在于在比特间隙开始位置有一个附加的跳变,用来表示不同的比特。开始位置有跳变表示比特 0,没有跳变则表示比特 1,如图 2.5(f)所示。差分曼彻斯特编码常用于令牌环网。

曼彻斯特编码和差分曼彻斯特编码是数据通信中最常用的数字信号编码方式,它们的优点是无须另发同步信号,缺点是编码效率稍低。

6. 交替双极性反转码(AMI)

在这种编码中,数据"1"顺序交替地用+E和-E表示,对于数据"0"仍变换为0电平。交替双极性编码有如下特点:第一,容易出现连"0",不利于提取同步定时信号;第二,无直流分量,可在不允许直流和低频信号通过的介质和信道中传输,有利于接收端判决电路的工作;第三,由于数据"1"对应的传输码电平正负交替出现,有利于误码的观察。它是脉冲编码调制(PCM)基带线路传输中常用的码型。交替双极性反转码如图2.5(g)所示。

7. 三阶高密度码(HDB3)

HDB3码是建立在AMI码基础上的,即先把数据变换成AMI传输码,再对AMI码进行变换。变换方法为:AMI码之后就对连"0"进行检查,当不出现4个或4个以上连"0"时,则传输码型不变,即AMI码就是HDB3码;当出现4个或4个以上连"0"时,用"000V"去替换"0000",符号"V"为+E或-E电平,称为破坏符号,极性与其前一个非零符号相同,"000V"称为破坏节[55,56]。

为使代码序列不含直流分量,要使相邻破坏点V脉冲的极性交替变化。因此两个相邻的破坏点V脉冲之间要有奇数个非零码,如果原序列中两个相邻的破坏点之间非零码的个数为偶数个,则必须补为奇数。这就要再将该小段的第一个"0"变为+B或-B,B符号的极性与前一非零符号的相反,这时破坏节变为"B00V"的形式。

例如,将二进制信息10110000000110000001编为HDB码。

二进制码:1011000000011000001

HDB3码:+10-1+1000V+1000-1+1B-100V-10+1

上例中,HDB3码是假设左边一个破坏点到假设破坏点V0脉冲之间有奇数个非零脉冲的情况,如图2.6所示。要指出的是:B+1、B-1和V+1、V-1脉冲代表+1、-1脉冲,其波形是相同的。HDB3码的波形不是唯一的,它与出现4个连"0"码元前的状态有关。

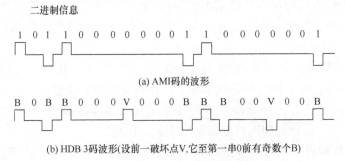

图 2.6　HDB3 码示意图

HDB3 码具有检错能力。当传输过程中出现单个误码时,破坏点序列的极性交替规律将受到破坏,因而可以在使用过程中监测传输质量。HDB3 码除了有 AMI 码的优点外,还克服了 AMI 码的缺点,是欧洲和日本 PCM 系统中使用的传输码型之一[57,58]。

2.3　通　信　方　式

数据信号在信道中传输可以采取多种方式,即数据传输模式根据不同的特点有不同的分类。它包括并行传输与串行传输、同步传输与异步传输以及单工传输、半双工传输和全双工传输。

2.3.1　并行通信与串行通信

在计算机内部各部件之间,以及计算机与计算机之间进行通信时,根据一次传输数据的多少可将数据传输方式分为并行传输和串行传输。传输方式不同,单位时间内传输的数据量也不同。而且,串行传输和并行传输的硬件开销也有很大差别。早期的设备,如电传打字机,它们大多依靠串行传输。而目前计算机的 CPU 和输出设备中间多采用并行通信。

并行通信是发送端一次同时传输多位二进制数据到接收端的通信方式。采用并行传输方式时,多个数据位同时在通信设备间的多条通道上传输,并且每个数据位都有自己专用的传输通道,如图 2.7 所示。例如,要传送一个字节(8bit),可在 8 条信道上同时传送,而若在 16 条信道上传送,一次就能传送两个字节了,因此收、发双方不存在字符同步问题,不需要添加“起”“止”信号或其他同步信号实现收发双方字符同步。这样,一个 16 位的并行传输,比单个信道的串行传输快 16 倍。许多现代计算机在设计时都考虑并行传输的优点,CPU 和存储器之间的数据总线就

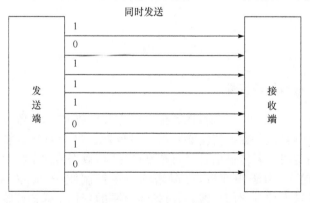

图 2.7　并行通信

是并行传输的例子,通常有 8 位、16 位、32 位和 64 位等数据总线。有些计算机还用并行方式给打印机传送信息,从而实现高速的内部运算和数据传输。并行方式主要用于近距离通信,这种方式的优点是传输速度快,处理简单,并行传输提高了传输速率,同时付出的代价是硬件成本也提高了。

并行传输若应用到长距离的连接上就无优点可言了。首先,在长距离上使用多条线路要比使用一条单独线路昂贵。其次,长距离的传输要求较粗的导线,从而降低信号的衰减。这时要把它们捆到一条单独电缆里相当困难。第三个问题涉及比特传输所需要的时间。短距离时,同时发送的比特几乎总是能够同时收到。但长距离时,导线上的电阻会或多或少地阻碍比特的传输,从而使它们的到达稍快或稍慢,这将给接收端带来麻烦。

通常在设备内部一般采用并行传输,在线路上使用串行传输。所以在发送端和线路之间以及接收端和线路之间,都需要并/串或串/并转换器。

串行通信一次只传送一位二进制的数据,从发送端到接收端只需要一根传输线。采用串行传输方式时,数据将按照顺序一位一位地在通信设备之间的一条通道上传。如图 2.8 所示,数据源向数据目标发送"01011101"的串行数据,这个二进制串以串行的方式在线路上传输,直到所有位全部传完。串行传输已经使用多年,串行方式虽然传输率低,但只需要一些简单的设备,节省信道(线路),有利于远程传输,易于实现、费用低,所以广泛地用于远程数据传输中。通信网和计算机网络中的数据传输都是以串行方式进行的,本书以下讨论的通信都是指串行通信。

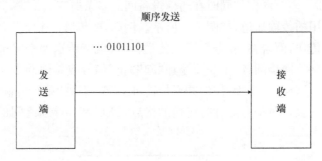

图 2.8　串行通信

2.3.2　同步传输与异步传输

无论并行传输还是串行传输,在数据发送方发出数据后,接收方都必须正确地区分出每一个代码,这是数据传输必须解决的问题。这个问题是数据传输的一个重要因素,称为定时。若传输信号经过精确的定时,数据传输率将大大提高。

在并行传输中,由于距离近,可以增加一条控制线(有时也称为"握手信号线"),由数据发送方控制此信号线,通过信号电平的变化来通知接收方接收数据是否有效。在计算机中有许多控制方法,通常有写控制、读控制、发送端数据准备好和接收端空等。使用控制方法时都有专门的信号线。

在串行传输过程中,数据是一位一位依次传输的,而每位数据的发送和接收均需要时钟脉冲的控制。发送端通过发送时钟确定数据位的起始和结束。而接收端为了能正确识别数据,则需要以适当的时间间隔在适当的时刻对数据流进行采样。也就是说,接收端与发送端必须保持步调一致,否则将会出现漂移现象,最终使数据传输出现差错。在串行传输中,为了节省信道,通常不设立专门的信号线进行收发双方的数据同步,所以必须在串行数据信道上传输的数据编码中解决此问题。接收端为了正确识别和恢复代码,要解决好以下几个问题:

(1) 正确区分和识别每个比特位,即位同步。

(2) 区分每个代码(字符或字节)的开始和结束位,即字符同步。

(3) 区分每个完整的报文数据块(数据帧)的开始和结束位,即帧同步。

要使两个独立的时钟保持同步实在不是一件易事,解决这个问题主要采用两种方式,即异步传输方式和同步传输方式。这两种方式的区别在于发送和接收设备的时钟是独立的,还是同步的。下面介绍这两种传输方式。

1. 异步传输

异步传输方式是指收、发两端各自有相互独立的位(码元)定时时钟,数据率是收发双方约定的,收端利用数据本身来进行同步的传输方式。

这种方式以字符为传输单位,传送的字符之间有无规律的间隔,这样就有可能使接收设备不能正确接收数据,因为每接收完一个字符之后都不能确切地知道下一个将被接收的字符从何时开始。因此,需要在每个字符的头、尾各附加一个比特位起始位和终止位,用来指示一个字符的开始和结束。起始位一般为"0",占一位;终止位为"1",长度可以是 1 位、1.5 位或 2 位,以保证新字符起始时有负的跃变,如图 2.9 所示。加入起始位和终止位的作用是实现字符之间的同步。字符可以连续发送,也可以单独发送;不发送字符时,连续发送"止"信号。因此每一个字符的起始时刻可以是任意的(这正是称为异步传输的含义,即字符之间是异步的)。收发双方的收发速率是通过一定的编程约定而基本保持一致的,从而实现位同步。

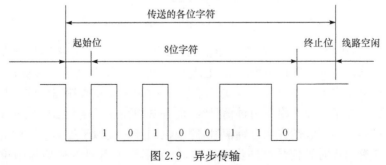

图 2.9　异步传输

　　在异步传输方式中一般不需要在发送和接收设备之间传输定时信号,发送器和接收器具有相互独立的时钟,并且两者中任一方都不向对方提供时钟同步信号。异步传输的发送器与接收器双方在数据可以传送之前不需要协调,发送器可以在任何时刻发送数据,而接收器必须随时都处于准备接收数据的状态。因而,实现较为简单。其缺点是:由于每个字符都要加上起始位和终止位,因而,传输效率低。异步传输方式主要适用于低速数据传输,比较适合于人机之间的通信,如计算机键盘与主机、电视机遥控器与电视机之间的通信,再如一台终端到计算机的连接也是一种异步传输的应用实例。

2. 同步传输

　　同步传输是相对于异步传输而言的,指收发双方要采用统一的时钟节拍来完成数据传送的传输方式。

　　同步传输以数据帧为单位传输数据,可采用字符形式或位组合形式的帧同步信号,由发送器或接收器提供专用于同步的时钟信号。在同步传输方式中,发送方以固定的时钟节拍发送数据信号,收方以与发端相同的时钟节拍接收数据。而且,收发双方的时钟信号与传输的每一位严格对应,以达到位同步。在开始发送一帧数据前需发送固定长度的帧同步字符,然后再发送数据字符,发送完毕后再发送帧终止字符(即下一帧的帧起始同步字符),于是可以实现字符和帧同步,如图 2.10所示。

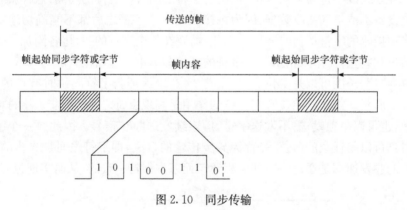

图 2.10　同步传输

　　接收端在接收到数据流后为了能正确区分出每一位,首先必须收到发送端的同步时钟,这是与异步传输不同之处,也是同步传输的复杂之处。一般地,在近距离传输时,可以附加一条时钟信号线,用发方的时钟驱动接收端完成位同步。在远距离传输时,通常不允许附加时钟信号线,而是必须在发送端发出的数据流中包含时钟定时信号,由接收端提取时钟信号,完成位同步。类似于曼彻斯特码等数据编码中,就含有同步时钟信号。同步传输时,每个字符不需要单独加起始位和终止位,因此具有较高的传输效率和传输速率,但实现较为复杂,常常用于高速数据传输中。

2.3.3　单工、半双工与全双工通信

数据传输是有方向的,这是由传输电路的能力和特点决定的。根据数据在通信线路上的传输方向及其与时间的关系,串行数据通信可分为三种方式:单工通信、半双工通信与全双工通信。

单工通信只支持数据在一个方向上传输,发送端和接收端是固定的,因此又称为单向通信。在单工传输方式中,两个通信终端间的信号传输只能在一个方向传输,即一方仅为发送端,另一方仅为接收端,如图 2.11(a)所示。例如,广播、电视就是单工传输的,收音机、电视机只能接收信号,而不能向电台、电视台发送信号;还有机场监视器、打印机都是单工传输的例子。

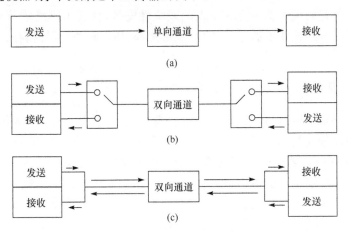

图 2.11　单工、半双工、双工传输

半双工通信允许数据在两个方向上传输,但在同一时刻,只允许数据在一个方向上传输,它实际上是一种可切换方向的单工通信。即通信双方都可以发送信息,但不能双方同时发送或者接收数据。在半双工传输中,两个通信终端可以互传数据信息,都可以发送或接收数据,但不能同时发送和接收,而只能在同一时间一方发送,另一方接收,如图 2.11(b)所示。这种方式使用的信道是一种双向信道,对讲机就是半双工的例子。半双工通信也广泛用于交易方面的通信场合,如信用卡确认及自动提款机网络。

全双工通信允许数据同时在两个方向上传输,又称为双向同时通信,即通信的双方可以同时发送和接收数据。在全双工传输中,两个通信终端可以在两个方向上同时进行数据的收发传输,如图 2.11(c)所示。对于电信号来说,在有线线路上

传输时要形成回路才能传输信号,所以一条传输线路通常由两条线组成,称为二线传输。这样,全双工传输就需要四条线组成两条物理线路,称为四线传输。因此,全双工可以是二线全双工,也可以是四线全双工。普通电话通信就是全双工的例子[59]。

2.4　网络拓扑

为分析和研究复杂的计算机网络系统,通常采用拓扑学中一种研究与大小形状无关的点、线特性的方法,把网络单元定义为节点,两个节点间的连线称为链路,这样从拓扑学观点看,计算机网络可以说是由一组节点和链路组成的,网络节点和链路的几何图形就是网络拓扑结构。它能表示出服务器、工作站的网络配置和互相之间的连接。换句话说就是整个网络的"长相"。

网络拓扑是对网络的分支和节点的系统性安排,体现了网络中节点间连通性关系。网络拓扑结构主要有总线拓扑、星形拓扑、树形拓扑、环形拓扑、不规则拓扑等结构。

2.4.1　总线拓扑

总线拓扑是指所有节点都挂到一条总线上;由一条主干电缆作为传输介质,各网络节点通过分支与总线相连,各节点地位平等,无中心节点控制。由于所有节点共享一条传输链路,某一时刻只允许一个节点发信息,因此需要由某种介质存取访问控制方式来确定总线的下一个占有者,也就是下一个可以向总线发送报文的节点。经过地址识别,把报文送到目的节点。公用总线上的信息多以基带形式串行传递,其传递方向总是从发送信息的节点开始向两端扩散,各节点在接受信息时都进行地址检查,看是否与自己的工作地址相符,相符则接收总线上的信息。总线上一个节点发送数据,所有其他节点都能接收。总线拓扑上可以发送广播报文,使多个节点能同时接收。报文也可以在总线上分组发送[60]。图 2.12 所示为总线拓扑的连接示意图。

总线拓扑是工业数据通信中应用最为广泛的一种网络拓扑形式,其主要优点如下:

(1) 布线简单。布线时只需简单地从一处拉到另一处即可,布线容易。

(2) 电缆长度短、安装成本低。因为所有节点都接到公共总线上,因此,只需很短的电缆长度,安装费用也较少。

总线拓扑的主要缺点如下:

(1) 由于采用分布式控制,故障检测需在各节点进行,不易管理,因此故障诊断和隔离比较困难。

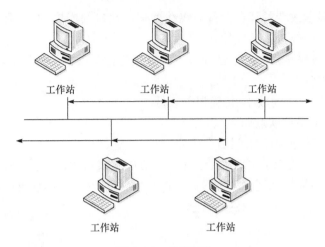

图 2.12　总线拓扑

（2）加入或减少一台计算机时，会使网络暂时中断，这在重视网络管理与质量的今天，是不可容忍的。

随着信号在网段上传输距离的增加，信号会逐渐变弱。将一个设备连接到总线时的分支也会引起信号反射，从而降低信号的传输质量，因此使用总线拓扑时在给定长度的电缆上，对可连接的设备数量、空间分布（如总线长度、分支个数、分支长度）等都要进行限制。

2.4.2　星形拓扑

星形拓扑是指网络中各节点以星形方式连接成网。网络有一个中心节点，其他节点都与中心节点构成点到点的连接。任何两节点之间通信都通过中央节点进行。一个节点要传送数据时，首先向中央节点发出请求，要求与目的站建立连接。连接建立后，该节点才向目的节点发送数据。这种拓扑采用集中式通信控制策略，所有通信均由中央节点控制，中央节点必须建立和维持许多并行数据通路，因此中央节点的结构显得非常复杂，而每个节点的通信处理负担很小，只需满足点对点的链路连接要求，结构简单。星形拓扑便于实现数据通信量的综合处理，每个终端节点只承担较小的通信处理量，常用于终端密集的地方。图 2.13 所示为星形拓扑的连接示意图。将几台计算机通过集线器相互连接，其方式就是典型的星形拓扑结构。在星形拓扑连接中，一条线路受损，不会影响其他线路的正常工作[60]。

星形拓扑的主要优点如下：

（1）维护管理容易。由于星形拓扑的所有数据通信都要经过中心节点，通信状况在中心节点被收集，所以维护管理比较容易。

（2）重新配置灵活。通过集线器连成的星形结构，若移去、增加或改变一个设备配置,仅涉及被改变的那台设备与集线器某个端口的连接,不会造成网络中断,因此改变起来比较容易,适应性强。

(3) 故障检测容易。由于各分节点都直接连向集线器,通常从集线器的灯号便能检测到故障。

(4) 网络延迟时间较小,传输误差较低。

星形结构的主要缺点如下:

(1) 安装工作量大,连线长,费用高。

(2) 依赖于中心节点,如果处于连接中心的集线器出现故障,则全网瘫痪,故要求集线器的可靠性和冗余度都很高。由于集线器、交换机的性价比越来越高,目前星形网络已成为小型局域网的首选。

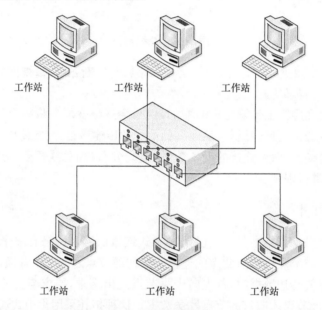

图 2.13　星形拓扑

2.4.3　树形拓扑

树形拓扑是指网络中有一个根节点,根节点可以带分支,每个分支还能带子分支的结构。树形拓扑的传输介质是不封闭的分支电缆。可以认为它是星形拓扑的扩展形式,图 2.14 给出了树形拓扑的连接形式。也有人认为它是总线拓扑的扩展形式,可以在一条总线的终端通过接线盒扩展成树形拓扑,也可以用多接点并联连接的接线盒取代图 2.14 中下面一个集线器的位置。树形拓扑和总线拓扑一样,一个站发送数据,其他站都能接收。因此树形拓扑也可完成多点广播式通信[60]。

树形拓扑是适应性很强的一种拓扑,适用范围很宽,如对网络设备的数量、传输速率和数据类型等没有太多限制,可达到很高的带宽。如果把多个总线或星形网连在一起,连接到一个大型机或环形网上,就形成了树形拓扑结构。树形拓扑结构非常适合于分主次、分等级的层次型管理系统。

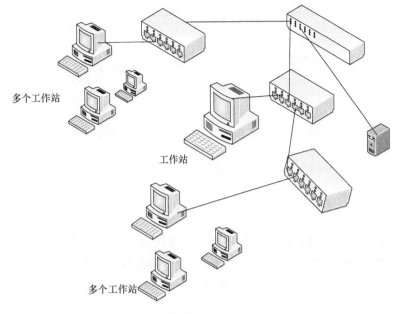

图 2.14　树形拓扑

树形拓扑的主要优点如下:

(1) 易于扩展。树形拓扑结构可以延伸出很多分支和子分支,因此,扩展容易,新分支或新节点容易加入网内。

(2) 故障隔离容易。如果某一线路或某一分节点出现故障,只影响局部区域,能比较容易地将故障部位与整个系统隔离开来。

树形拓扑的主要缺点如下:其主要缺点与星形拓扑类似,若根节点出现故障,会引起全网不能正常工作,对根节点依赖性较大。

2.4.4　环形拓扑

环形拓扑是指由网络中的所有节点连接成一个闭合的环,节点之间为点到点连接。这种结构使公共传输电缆组成环形连接,数据在环路中沿着一个方向在各个节点间传输,信息从一个节点传到另一个节点。每个设备只与逻辑或空间上跟它相连的设备链接。每个设备中都有一个中继器。中继器接收前一个节点发来的数据,然后按原来的速度一位一位地从另一条链路发送出去。图 2.15 所示为环形拓扑的连接示意图。

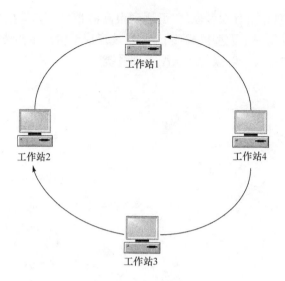

图 2.15　环形拓扑

　　环形拓扑的网络连接设备只是简单的中继器,而节点需提供拆包和访问控制逻辑。环形网络的中继器之间可使用高速链路(如光纤),因此环形拓扑网络与其他拓扑网络相比,可提供更大的吞吐量,适用于工业环境。

　　环形拓扑的主要优点如下:

　　(1) 初始安装比较容易。由于按环形连接,故传输线路较短,只是比总线结构略长一些,但远远短于其他拓扑结构。

　　(2) 无信号冲突。在其他网络中当两台(或多台)计算机同时传送数据时,会发生信号冲突,导致整个网络暂时无法工作,而在环形网络中由于令牌只有一个,所以不会发生冲突。

　　环形拓扑主要缺点如下:

　　(1) 应用成本高。目前在市场上环状网络的普及率很低,其软硬件成本较高。

　　(2) 节点故障影响整个网络。除非每个节点都装有旁路,否则环状网络中任一线路或节点故障,则整个网络便会瘫痪。

　　(3) 重新配置困难、节点较多时响应时间增长。由于环路封闭,扩充比较困难,灵活性差,当节点较多时,消息要穿越的节点增加,会影响传输效率。

　　实际应用中,经常会把几个不同拓扑结构的子网结合在一起,形成混合型拓扑的更大网络。

第 3 章　Modbus 产品开发

3.1　基本介绍

Modbus 是由 Modicon(莫迪康)在 1979 年发明的,是全球第一个真正用于工业现场的总线协议。为更好地普及和推动 Modbus 在基于以太网上的分布式应用,目前施耐德公司已将 Modbus 协议的所有权移交给分布式自动化接口(interface for distributed automation,IDA)组织,并成立了 Modbus-IDA 组织,为 Modbus 今后的发展奠定了基础。

1998 年施耐德公司又推出了新一代基于 TCP/IP 以太网的 Modbus/TCP。Modbus/TCP 是第一家采用 TCP/IP 以太网用于工业自动化领域的标准协议。Modbus 主/从通信机理能很好地满足确定性的要求。与互联网的客户机/服务器通信机理相对应,Modbus/TCP 的应用层还是采用 Modbus 协议。传输层使用 TCP 协议,网络层采用 IP 协议,因为 Internet 就使用这个协议寻址,所以 Modbus/TCP 不但可以在局域网使用,还可以在广域网和因特网使用。有了它,不同厂商生产的控制设备可以连成工业网络,进行集中监控。在市场上几乎可以找到任何现场总线连接到 Modbus/TCP 的网关,方便用户实现各种网络之间的互联。

Modbus 协议是应用于电子控制器上的一种通用语言。通过此协议,控制器相互之间、控制器经由网络(如以太网)和其他设备之间可以通信。它已经成为一通用工业标准。有了它,不同厂商生产的控制设备可以连成工业网络,进行集中监控。此协议定义了一个控制器能认识使用的消息结构,而无论它们是经过何种网络进行通信的。它描述了一个控制器请求访问其他设备的过程,以及怎样侦测错误并记录。它制定了消息域格局和内容的公共格式。当在 Modbus 网络上通信时,此协议决定了每个控制器需要知道它们的设备地址,识别按地址发来的消息,决定要产生何种应答。如果需要回应,控制器将生成反馈信息并用 Modbus 协议发出。在其他网络上,包含了 Modbus 协议的消息转换为在此网络上使用的帧或包结构。这种转换也扩展了根据具体的网络解决节地址、路由路径及错误检测的方法[61]。

3.1.1　协议介绍

Modbus 是 OSI 模型第 7 层上的应用层报文传输协议,它在连接至不同类型总线或网络的设备之间提供客户机/服务器通信。

　　自从 1979 年出现工业串行链路的事实标准以来,Modbus 使成千上万的自动化设备能够通信。互联网组织能够使 TCP/IP 栈上的保留系统端口 502 访问 Modbus。Modbus 是一个请求/应答协议,并且提供功能码规定的服务。Modbus 一次通信其发送和接收的数据包由若干帧组成,协议定义了这些帧的意义,控制器只要按照协议解释其接收和发送的帧数据,就能与在同一网络中采用同样协议的控制器实现通信。

　　1. 在 Modbus 网络上传输

　　Modbus 通信采用主从方式,在同一时刻,只有一个主节点连接于总线,一个或多个子节点(最大编号为 247)连接于同一个串行总线。Modbus 通信总是由主节点发起。子节点在没有收到来自主节点的请求时,不会发送数据。子节点之间不会互相通信。主节点在同一时刻只会发起一个 Modbus 事务处理。

　　在物理层,Modbus 串行链路系统可以使用不同的物理接口(RS485、RS232)。最常用的是 TIA/EIA-485(RS485)两线制接口。作为附加的选项,也可以实现 RS485 四线制接口。当只需要短距离的点对点通信时,TIA/ETA-232-E(RS232)串行接口也可以使用。

　　Modbus 通信采用主从方式,在同一个网络中有一个主设备及最多达 247 台从设备,从设备的地址编码为 1～247。通常情况下,主设备只与 1 台从设备通信,但当主设备发出的地址码为 0 即采用广播方式时,可以将消息发送给所有的从设备。Modbus 一次通信其发送和接收的数据包由若干帧组成,协议定义了这些帧的意义,控制器只要按照协议解释其接收和发送的帧数据,就能与在同一网络中采用同样协议的控制器实现通信。

　　2. 在其他类型网络上转输

　　在其他网络上,控制器使用对等技术通信,故任何控制都能初始和其他控制器的通信。这样在单独的通信过程中,控制器既可作为主设备也可作为从设备。提供的多个内部通道可允许同时发生的传输进程。在消息位,Modbus 协议仍提供了主-从原则,尽管网络通信方法是"对等"。如果一控制器发送一消息,它只是作为主设备,并期望从从设备得到回应。同样,当控制器接收到一消息,它将建立一从设备回应格式并返回给发送的控制器。

　　3. 请求-应答周期

　　主设备向从设备发送请求报文,其中包含命令控制字、从设备地址、需要传输的参数等信息,从设备收到查询信号后作出相应的操作:执行相关动作、反馈主站读取的数据、命令执行情况等,向主设备作出应答。过程中如果出现了故障,导致信息无法到达目的地，主、从站超时定时器满后放弃该操作，继续下一操作。

Modbus 的查询-回应周期见图 3.1。

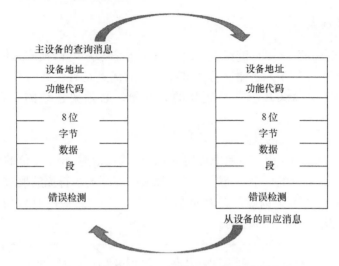

图 3.1　Modbus 主-从模式的查询-回应周期

（1）查询。查询消息中的功能代码告之被选中的从设备要执行何种功能。数据段包含了从设备要执行功能的任何附加信息。例如，功能代码 03 是要求从设备读保持寄存器并返回它们的内容。数据段必须包含要告之从设备的信息：从何寄存器开始读及要读的寄存器数量。错误检测域为从设备提供了一种验证消息内容是否正确的方法。

（2）回应。如果从设备产生一正常的回应，在回应消息中的功能代码是在查询消息中的功能代码的回应。数据段包括了从设备收集的数据：像寄存器值或状态。如果有错误发生，功能代码将被修改以用于指出回应消息是错误的，同时数据段包含了描述此错误信息的代码。错误检测域允许主设备确认消息内容是否可用[10]。

3.1.2　模式分类

控制器能设置为两种传输模式（ASCII 或 RTU）中的任何一种在标准的 Modbus 网络上通信。用户选择想要的模式，包括串口通信参数（波特率、校验方式等），在配置每个控制器的时候，在一个 Modbus 网络上的所有设备都应该具有相同的传输模式才能进行 Modbus 通信。设备必须能实现传输模式设置，默认设置为 RTU 模式，ASCII 传输模式是一个可选项。在相同传输速率下，RTU 模式比 ASCII 模式有更高的数据吞吐量。只有在某些特定应用中要求使用 ASCII 模式[62]。

　　Modbus/TCP 为 RTU 模式的延伸,Modbus/TCP 是基于以太网的 Modbus,接口方式和驱动程序都与 RTU 模式不同。

1. RTU 模式

　　当设备在 Modbus 串行链路上使用 RTU(远程终端单元)模式通信时,报文中每 8 位分为两个 4 位十六进制字符。这种模式的优点是有较高的字符密度,在相同的波特率下,比 ASCII 模式有更高的吞吐量。必须要连续的字符传输每个报文[63,64]。

　　1) RTU 传输模式的信息帧

　　当设备在 Modbus 串行链路上使用 RTU 模式通信时,每个 8 位的数据字节需要组织成图 3.2 所示的一个 11 位的字符,报文以连续的字符流的形式传输。串行地发送每个字符或字节的顺序是从最低有效位(LSB)到最高有效位(MSB),即图 3.2所示的从左到右的位序列。

1个起始位	8个数据位	1个奇偶校验位	1个停止位

图 3.2　由 8 位数据组成的 11 位的字符

　　通过设置可以让设备接收奇校验、偶校验或无校验,默认的校验模式是偶校验,也可使用奇校验等其他模式。为了保证最大兼容性,建议支持无校验模式。采用无校验时要求传送一个附加的停止位来填充字符,也就是说,如果采用无校验,则有两个停止位。图 3.3 所示为采用奇偶校验或无校验时,RTU 字符的位序列。

起始	1	2	3	4	5	6	7	8	校验	停止

(a) 带奇偶校验

起始	1	2	3	4	5	6	7	8	停止	停止

(b) 无奇偶校验

图 3.3　RTU 模式中的位序列

　　RTU 报文帧的结构见表 3.1,其中从站地址 1 字节,功能码 1 字节,0~252 字节的数据,2 字节的 CRC 校验码。因此报文帧的最大长度为 256 字节。

表 3.1　RTU 报文帧

从站地址	功能码	数据	CRC
1字节	1字节	0~252字节	2字节

　　传送设备将 Modbus 报文放置在带有已知起始和结束点的帧中,这就允许接收新帧的设备在报文的起始处开始接收,并且知道报文传输何时结束。必须能够检测到不完整的报文,并且设置错误标志。

　　如图 3.4 所示,在 RTU 模式中,采用至少 3.5 个字符时间长度的空闲间隔将报文帧区分开,这个时间间隔称为 $t_{3.5}$。一个报文帧必须以连续的字符流发送。

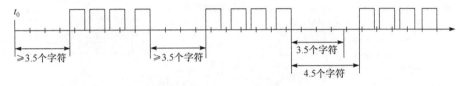

起始		地址	功能码	数据	CRC校验		结束
≥3.5个字符		8位	8位	N×8位	16位		≥3.5个字符

图 3.4　单个或多个报文帧的传送

　　如图 3.5 表示,当两个字符之间的空闲间隔大于 1.5 个字符时,认为报文帧不完整,接收站应该丢弃这个报文帧。

　　RTU 的接收程序应包含由 $t_{1.5}$ 和 $t_{3.5}$ 引起的大量中断管理。当传输速率等于或低于 19200bit/s 时,必须严格地遵守这两个定时时间;而在传输速率大于 19200bit/s 的情况下,建议字符间超时时间($t_{1.5}$)采用 $750\mu s$,帧间的延迟时间($t_{3.5}$)采用 1.750ms 的固定值[65-67]。

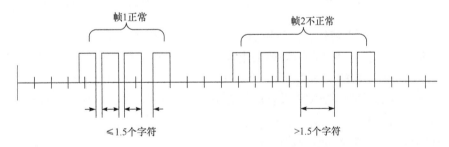

图 3.5　Modbus 帧内间隔

2) RTU 传输模式的状态图

图 3.6 为 RTU 传输模式中"主站"和"从站"的状态图。

　　从状态图中可以看到,在 RTU 模式中,为保证帧间延迟,从"初始"状态到"空闲"状态的转换需要以 $t_{3.5}$ 定时器超时为条件。当至少 3.5 个字符的时间间隔之后没有传输活动时,称通信链路为"空闲"状态。没有发送和接收活动时,"空闲状态"

属于一个正常状态。

当链路处于空闲状态时,链路上检测到任何传输的字符被视为帧起始,链路进入"激活"状态。而当时间间隔 $t_{3.5}$ 之后链路上还没有传输字符时,视为帧结束。

如果检测到帧结束,则执行 CRC 计算和校验,并分析地址字段,确定该帧是否属于发给这个设备的。如果不是发给这个设备的,则丢弃该帧。为了减少接收处理时间,在接收到地址字段时,就可以分析地址字段,而不需要等到整个帧结束。当确定寻址到该从站(包括广播帧)时,该从站才进行 CRC 的校验计算。只有每个字符中的 8 个数据位参与 CRC 校验计算,起始位、停止位不参与 CRC 校验计算[62]。

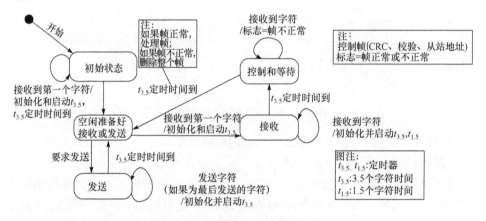

图 3.6　RTU 传输模式的状态图

2. ASCII 模式

当在 Modbus 串行链路上使用 ASCII(美国信息交换标准代码)传输模式通信时,一个 8 位的字节,如"5D",需要采用两个 ASCII 字符来发送。一个字节是"5D"中高 4 位的"5",它的 ASCII 码为 35。另一个字节是 5D 中低 4 位的"D",它的 ASCII 码为 44。通常,当物理设备的能力不能满足 RTU 模式的定时管理要求时,使用 ASCII 传输模式。

1) ASCII 传输模式时的位序列

ASCII 传输模式中每个字符包含 10 位,其格式为:1 个起始位;7 个数据位;1 个奇偶校验位;1 个停止位。ASCII 传输模式的位序列见图 3.7,按图中从左到右的顺序串行地发送每个字符或字节。最低有效位(LSB)在前,最高有效位(MSB)在后。

带奇偶校验

起始	1	2	3	4	5	6	7	校验	停止

图 3.7　ASCII 传输模式时的位序列

　　ASCII 传输模式对字符也要求使用偶校验,默认的校验模式是偶校验,但也容许使用奇校验等其他模式。为了保证与其他产品的最大兼容性,建议还支持无校验模式。可以通过配置来选择,是让设备接收奇校验,还是让设备接收偶校验或无校验。采用无校验时要求传送一个附加的停止位来填充字符,即无校验时字符有图 3.8 所示的两个停止位。

无奇偶校验

起始	1	2	3	4	5	6	7	停止	停止

图 3.8　ASCII 传输模式中无校验时的位序列

2) ASCII 传输模式时的报文结构

　　传送设备将 Modbus 报文放置在带有已知起始和结束点的帧中,这就允许接收新帧的设备在报文的起始处开始接收,并且知道报文传输何时结束。必须能够检测到不完整的报文,并且必须作为结果设置错误标志。

　　报文帧的地址字段包含 2 个字符。

　　在 ASCII 传输模式中,采用特定的帧起始字符和帧结束字符来区分一个报文。ASCII 报文必须以一个冒号“:”字符作为帧起始标志,以“回车”和“换行”这两个字符作为帧结束标志。冒号的十六进制 ASCII 码为 3A,回车和换行的 ASCII 码分别为 0D 和 0A。

　　设备不断地监视通信总线上的“:”字符,当收到这个字符之后,每个设备继续接收后续字符,直到检测出帧结束标志为止。

　　报文中字符间的时间间隔可以达 1s,大于 1s 的时间间隔表示已经出现错误。用户可以配置较长的超时时间值,对某些大范围的网络应用可以要求 4~5s 的超时时间。

　　表 3.2 所示为一个典型的 ASCII 报文帧。由于 ASCII 报文数据域的每个数据字节需要两个字符编码,RTU 数据域的最大数据长度为 252 个字符,为了在 Modbus 应用层上保持 ASCII 模式和 RTU 模式的兼容,因此 ASCII 数据域的最大长度为 2×252 个字符,它是 RTU 数据域最大长度的两倍。也就是说,ASCII 报文帧的最大长度为 513 个字符。

表 3.2　ASCII 报文帧

起始符	地址	功能码	数据	LRC	结束符
1 个字符	2 个字符	2 个字符	0~2×252 个字符	2 个字符	2 个字符 CR、SF

　　图 3.9 表示 ASCII 传输模式的状态图,图中的“空闲”状态指没有发送和接收报文活动的正常状态。每次接收到“:”字符表示新报文的开始,如果在一个报文的接收过程中收到“:”字符,则当前报文被认为不完整并被丢弃。

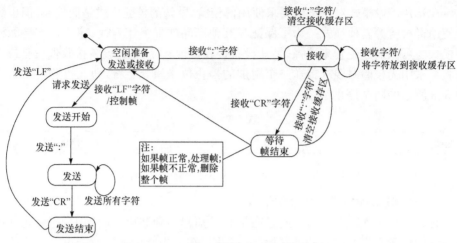

图 3.9 ASCII 传输模式的状态图

当检测到帧结束标志之后,执行 LRC 计算和校验,并分析地址字段,以确定该帧是否发给这个设备。如果不是发给这个设备的,则丢弃该帧。为了减少接收处理时间,在接收到地址字段时,就可以分析地址字段,而不需要等到整个帧结束[62]。

3. Modbus/TCP

TCP 模式是为了让 Modbus 数据顺利在以太网上传输产生的,使用 502 端口。该协议物理层、数据链路层、网络层、传输层都是基于 TCP 协议,只在应用层,将 Modbus 协议修改后封装进去。接收端将该 TCP 数据包拆封后,重新获得原始 Modbus 帧,然后按照 Modbus 协议规范进行解析,并将返回的数据包重新封装进 TCP 协议中,返回到发送端。与串行链路传输的数据格式不同,TCP 模式去除了附加地址和校验,增加了报文头,其具体格式如图 3.10 所示。

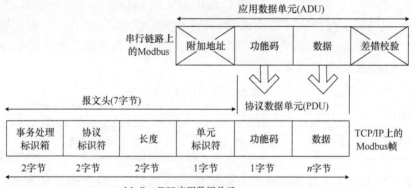

图 3.10 TCP 模式的消息格式

3.2　产品开发

3.2.1　硬件

1. 基本 RS485 电路

图 3.11 所示为一个经常被应用到的 SP485R 芯片的示范电路,可以被直接嵌入实际的 RS485 应用电路中。微处理器的标准串行口通过 RXD 直接连接 SP485R 芯片的 RO 引脚,通过 TXD 直接连接 SP485R 芯片的 DI 引脚。

由微处理器输出的 R/D 信号直接控制 SP485R 芯片的发送器/接收器使能:R/D 信号为"1",则 SP485R 芯片的发送器有效,接收器禁止,此时微处理器可以向 RS485 总线发送数据字节;R/D 信号为"0",则 SP485R 芯片的发送器禁止,接收器有效,此时微处理器可以接收来自 RS485 总线的数据字节。此电路中,任一时刻 SP485R 芯片中的"接收器"和"发送器"只能有 1 个处于工作状态。

连接至 A 引脚的上拉电阻 R7、连接至 B 引脚的下拉电阻 R8 用于保证无连接的 SP485R 芯片处于空闲状态,提供网络失效保护,以提高 RS485 节点与网络的可靠性。

如果将 SP485R 连接至微处理器 80C51 芯片的 UART 串口,则 SP485R 芯片的 RO 引脚不需要上拉;否则,需要根据实际情况考虑是否在 RO 引脚增加 1 个大约 10kΩ 的上拉电阻。

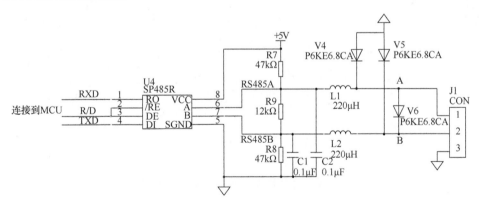

图 3.11　SP485R 的基本 RS485 电路

SP485R 芯片本身集成了有效的 ESD 保护措施。但为了更加可靠地保护 RS485 网络,确保系统安全,通常还会额外增加一些保护电路,如图 3.12 所示。

电路图中,钳位于 6.8V 的 TVS 管 V4、V5、V6 都是用来保护 RS485 总线的,避免 RS485 总线在受外界干扰时(雷击、浪涌)产生的高压损坏 RS485 收发器。当

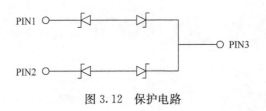

图 3.12　保护电路

然,也可以选择集成的总线保护组件,如 ONSemi 半导体的 NUP2105L 器件
(SOT-23 封装,集成 2 个双向 TVS 器件),作为 SP485R 芯片的附加保护措施。

　　另外,电路中的 L1、L2、C1、C2 是可选安装组件,用于提高电路的 EMI 性能。
图中附加的保护电路能够对 SP485R 芯片起到良好的保护效果。

　　2. RS485 接口的程序设计方法

　　以 PHILIPS 公司的 P89LPC931 单片机为例。P89LPC931 采用高性能的处
理器结构,指令执行时间只需 2～4 个时钟周期,6 倍于标准的 80C51 微处理器。
PHILIPS 公司 LPC900 系列单片机是一个基于 80C51 内核的高速、低功耗 Flash
单片机,主要集成了字节方式的 I2C 总线、SPI 接口、UART 通信接口、实时时钟、
E2PROM、A/D 转换器、ISP/IAP 在线编程和远程编程方式等一系列有特色的功
能部件,非常适合于许多要求高集成度、低成本、高可靠性的仪表应用领域。

　　微处理器 P89LPC931 与 SP485E 芯片进行连接,构成 RS485 通信接口电路,
如图 3.13 所示。

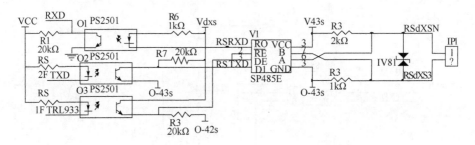

图 3.13　单片机与 RS485 通信转换电路图

　　电路通过 3 个光耦组件 PS2501 对微处理器 P89LPC931 和 RS485 总线电路
进行隔离,提高系统的抗干扰能力;电路中的双向 TVS 管 P6KE6V8 并联在
RS485 总线 A、B 线两端,对电路进行瞬态保护作用;R7 和 R8 为偏置电阻,进行网
络失效保护。但是这个电路中没有安装匹配电阻,在通信网络设计中,应根据实际
情况进行匹配电路的设计。

3.2.2　软件

RS485 接口的整个通信程序分为三个部分：数据接收部分、命令执行部分、数据发送部分。

1. 数据接收部分

数据接收程序主要接收一帧正确的数据，数据帧错误的判断符合以下原则：

(1) 有一个字节偶校验错误，数据帧错误；

(2) 数据帧格式不正确，数据帧错误；

(3) 数据帧校验码不正确，数据帧错误。

整个程序是在接收中断服务程序中执行的，如图 3.14 所示。

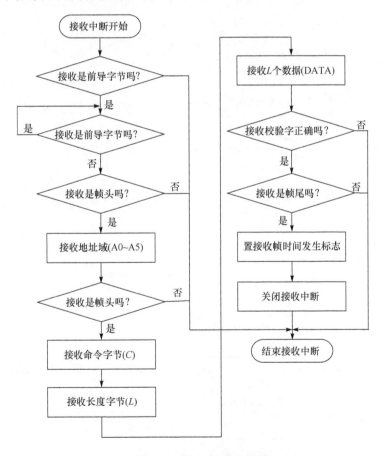

图 3.14　接收程序流程图

2. 命令执行部分

这一部分是主程序执行部分,是从机接收一帧正确数据后,通过地址域判断 RS485 总线中主控器是否呼叫本从机,如果是广播地址则所有接收到的从机都应响应命令,同时通过密码的方式,可以设置权限,密码和地址保存在 E2PROM 中。

在地址和密码判断正确的时候,程序进行命令译码,对要求的命令执行相应的操作,同时如果要通过总线发送数据,应准备好发送数据缓存的内容,启动发送程序,发送完毕时清除接收事件发生标志。过程如图 3.15 所示。

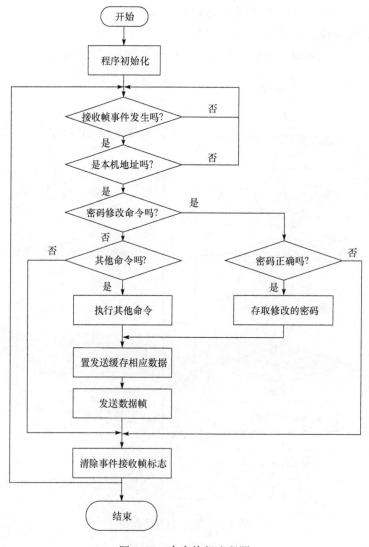

图 3.15　命令执行流程图

3. 数据发送部分

本程序的数据发送部分是在主程序中执行的,如图 3.16 所示。

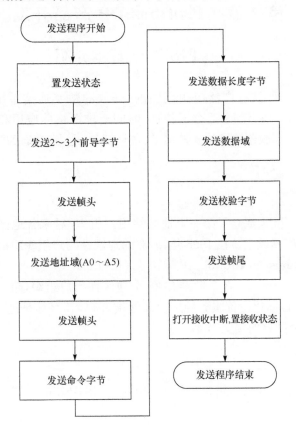

图 3.16　发送程序流程图

第 4 章　Profibus-DP 产品开发

4.1　Profibus 基本介绍

Profibus 是一种具有广泛应用范围的、开放的数字通信系统,主要由 SIE-MENS 公司推出。Profibus 适合于快速、时间要求严格的应用和复杂的通信任务,其产品的应用领域覆盖了从机械加工、过程控制、电力、交通到楼宇自动化的各个领域。

4.1.1　组织

1992 年,Profibus 成立了第一个地区性用户组织,后来各地区的地区性用户组织(RPAS)也相继成立。在 1995 年,所有的地区性用户组织组成了一个国际性的组织——Profibus & Profinet 国际协会(Profibus & Profinet International, PI)。至 2010 年,Profibus 在全世界有 25 个地区性用户组织,超过 1400 个成员,包括许多重要的自动化设备服务的厂商及终端客户,其目标是进一步发展 Profibus 技术,提高全世界的接受程度。

4.1.2　通信协议

Profibus 根据应用特点可以分为 Profibus-FMS、Profibus-DP 和 Profibus-PA 三种类型。

1. Profibus-FMS

Profibus-FMS(fieldbus message specification,现场总线信息规范)用于解决车间级通用性通信任务,要求面向对象,提供较大数据量的通信服务,完成中等速度的循环和非循环通信任务,是一个令牌结构、实时多主网络。由于它是完成控制器和智能现场设备之间的通信以及控制器之间的信息交换,因此它考虑的主要是系统的功能而不是系统的响应时间,应用过程通常要求的是随机的信息交换(如改变设定参数等)。强有力的 FMS 向用户提供了广泛的应用范围和更大的灵活性,可用于大范围和复杂的通信系统,主要用于纺织工业、楼宇自动化、电气传动、低压开关设备等一般自动化控制,目前已随着技术的发展慢慢淘汰。

2. Profibus-DP

Profibus-DP(decentralized peripheral,分散外设)是一种经过优化的、高速廉价的通信连接,是专为自动控制系统和设备级分散 I/O 之间的通信而设计的,使用 Profibus-DP 模块可取代价格昂贵的 24V 或 0~20mA 并行信号线。Profibus-DP 主要用于分布式控制系统的高速数据传输,其数据传输速率最高可达 12Mbit/s。自动控制系统同这些分散外设(传感器、执行器等)进行的数据交换多数是周期性的,一般构成单主站系统,主从站之间采用循环数据传送方式工作。最初的版本为 DPV0,后又扩展了 DPV1、DPV2。DPV0 提供了 DP 的基本功能,包括循环的数据交换,以及用户参数设置、从站诊断等;DPV1 包含依据过程自动化的需求而增加的功能,特别是用于参数赋值、操作、智能现场设备的可视化和报警处理等的非循环数据通信。DPV2 包括根据驱动技术的需求而增加的其他功能,如同步从站模式和从站对从站通信等。

3. Profibus-PA

Profibus-PA(process automation,过程自动化)是专为过程自动化而设计,具有本征安全性,主要用于安全性要求较高的场合以及有总线供电的站点。因此,它尤其适用于化工、石油、冶金等行业的过程自动化控制系统。Profibus-PA 所执行的 IEC61158-2 标准的传输技术是一种位同步协议,它的传输技术原理是:每段只有一个电源和供电装置,每站现场设备所消耗的为常量稳态基本电流,现场设备的作用如同无源的电流吸收装置。在 Profibus-PA 系统中,总线电压范围为 9~32V,电流范围为 4~40mA,调制信号的传输速率固定为 31.25kbit/s。使用基带传输时,数据由许多不同形式的电信号的波形来表示。表示二进制数字的码元的形式不同,便产生出不同的编码方案。PA 总线通信信号采用 IEC61158-2 标准的曼彻斯特编码,它通过对基本电流(10mA)在 ±9mA 范围内进行适当的调制而获得的,是一种双极性双相码。

4.1.3　传输技术

Profibus 主要使用 RS485 及 MBP(manchester coded,bus powered)的两种传输方式。

RS485 是一种最常用的串行通信协议,它使用屏蔽双绞电缆,具有设备简单、成本低等特点。传输速率范围可以从 9.6kbit/s 到 12Mbit/s,随比特速率的不同,传输距离也可从 100m 到 1200m。这种传输方式主要配合 Profibus-DP 使用。

而 Profibus-DP 的传输介质也可以用光纤,适合用于有高电磁干扰或要求更大的网络距离的区域。

　　MBP 传输技术是用于有设备有总线供电和本征安全要求的过程自动化的应用。其传输速率固定为 31.25kbit/s,总线拓扑最长可达 1900m,此传输方式特别为用在过程控制的 Profibus-PA 所设计。

4.2　Profibus-DP 基本原理

　　Profibus-DP 主要用于设备级控制系统与分布式 I/O 的通信。主站经配置软件配置后,通过参数、配置、诊断等手段与配置的从站建立周期性通信,周期性向从站发送输出信息并读取从站的输入信息。主站、从站也可进行非周期性通信实现对数据的读、写操作及从站报警等功能。

4.2.1　基本特征

　　1. 传输技术

　　(1) 基于 RS485 传输技术,采用异步 NRZ 传输方式。

　　(2) 网络拓扑为线形、树形和星形,两端有 220Ω 的终端电阻。

　　(3) 采用屏蔽双绞电缆,也可取消屏蔽,取决于环境条件,在传输距离大、电磁干扰大的场合采用光纤。

　　(4) 系统每个分段最多可连接 32 个站(不带中继器),带中继器最多可达 125 个站,中继器没有地址,但被计算在每段的最多站数内。每段的头和尾必须带有终端电阻。

　　(5) 传输速率为 9.6kbit/s 到 12Mbit/s,电缆最大长度取决于传输速率,如表 4.1所示。

表 4.1　传输速率与长度对照

传输速率/(kbit/s)	9.6	19.2	93.75	187.5	500	1500	12000
距离/m	1200	1200	1200	1000	400	200	100

　　2. 设备类型

　　一类主站(DPM1):指中央控制器,它在预定的周期内与配置的从站交换信息。典型的 DPM1 如 PLC(可编程控制器)等。

　　二类主站(DPM2):指工程设计、组态或操作设备,主要用于系统的维护和诊断,如西门子的 CP5611 主站卡一般用于二类主站。

从站:指进行输入和输出信息采集和发送的外围设备(如 I/O 适配器、变频器、低压开关等)。

3. 总线存取

支持单主站或多主站系统,主站与从站间采用主-从轮询方式。多主系统中主站一般不超过 3 个,每个主站按时间分配其总线控制权,使用令牌在主站之间传递信息,如果主站获得上一个主站传递来的令牌,则立即有对总线的控制权,当其令牌时间到时,则将令牌传递给下一个主站。因此在同一时刻,只能有一个主站控制其所配置的从站。所有的主站都可以读取从站的输入、输出数据,但只有用户在组态时指定的主站才能向它所属的从站写输出数据[68]。Profibus-DP 单主站系统如图 4.1 所示。

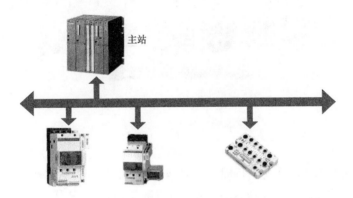

图 4.1　Profibus-DP 单主站系统

Profibus-DP 多主系统如图 4.2 所示,令牌环如图 4.3 所示。

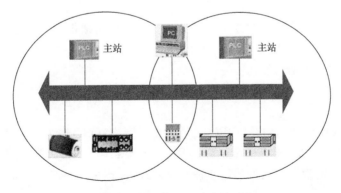

图 4.2　Profibus-DP 多主站系统

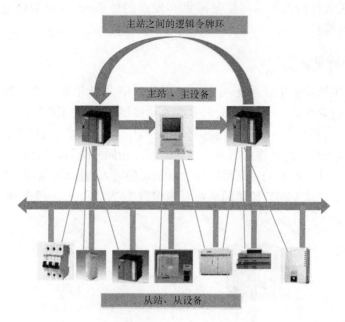

图 4.3　Profibus-DP 令牌环

4. 功能

DP 主站和 DP 从站间进行周期性数据传输和非周期性数据传输;具有强大的诊断功能,主站能向从站发送参数数据、配置数据,每个 DP 从站的输入和输出数据最大为 244 字节,控制指令允许数据的同步和冻结。

5. 可靠性和保护机制

所有数据的传输按海明距离 HD＝4 进行,DP 从站带看门狗定时器(watch-dog timer),可对 DP 从站的输入/输出进行存取保护,可用主站中可调节的监视定时器来监视用户数据通信。

4.2.2　通信协议

Profibus 协议的结构是以开放式系统互联网络(OSI)作为参考模型的。Profibus-DP 使用了 OSI 参考模型的第一层、第二层和用户接口,第三层到第七层未定义。这种结构确保了数据传输快速和有效地进行[69]。Profibus-DP 协议结构如图 4.4 所示。

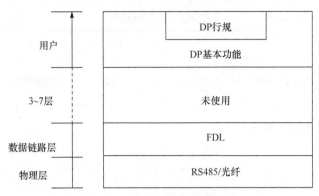

图 4.4　Profibus-DP 协议结构

Profibus-DP 用于总线主站与其所属的从站设备之间进行简单、快速、循环和时间确定性的过程数据的交换。最初的版本为 DPV0,现已扩展到 DPV1、DPV2,升级的过程如图 4.5 所示。DPV0 提供了 DP 的基本功能,包括循环的数据交换,以及从站诊断、模块诊断和特定通道诊断等各种诊断;DPV1 包含依据过程自动化的需求而增加的功能,特别是用于参数赋值、操作、智能现场设备的可视化和报警处理等的非循环数据通信;DPV2 包括主要根据驱动技术的需求而增加的其他功能,如同步从站模式和从站对从站通信等。

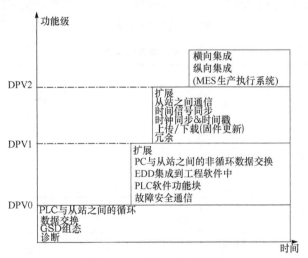

图 4.5　Profibus 的功能级

4.2.3　DP 报文解析

1. 数据帧结构

1) 无数据固定长度帧结构

请求帧如表 4.2 所示。其中,帧检查顺序 FCS=DA+SA+FC。

表 4.2　请求帧结构

SDL1	DA	SA	FC	FCS	ED
开始分界符 (0x10)	目标地址	源地址	功能码	帧检查顺序	结束分界符 (0x16)

响应帧如表 4.3 所示。

表 4.3　响应帧结构

SDL1	DA	SA	FC	FCS	ED
开始分界符 (0x10)	目标地址	源地址	功能码	帧检查顺序	结束分界符 (0x16)

响应短帧如表 4.4 所示。

表 4.4　响应短帧结构

SDL5
开始分界符(0xE5)

2) 数据固定长度帧结构

请求帧如表 4.5 所示。其中,帧检查顺序 FCS＝DA＋SA＋FC＋DU。

表 4.5　请求帧结构

SDL3	DA	SA	FC	DU	FCS	ED
开始分界符 (0xA2)	目标地址	源地址	功能码	数据 单元	帧检查 顺序	结束分界符 (0x16)

响应帧如表 4.6 所示。

表 4.6　响应帧结构

SDL3	DA	SA	FC	DU	FCS	ED
开始分界符 (0xA2)	目标地址	源地址	功能码	数据 单元	帧检查 顺序	结束分界符 (0x16)

3) 可变数据长度帧结构

请求帧如表 4.7 所示。其中,帧检查顺序 FCS＝DA＋SA＋FC＋DSAP＋SSAP＋DU,Profibus-DP 命令中通过使用服务存取点(SAP)来定义每条命令的含义。

表 4.7　请求帧结构

SDL2	LE	LEr	SDL2	DA	SA	FC	DSAP	SSAP	DU	FCS	ED
开始分界符(0x68)	数据长度	重复数据长度	开始分界符	目标地址	源地址	功能码	目标服务存取点	源服务存取点	数据单元	帧检查顺序	结束分界符

服务存取点定义如表 4.8 所示。

表 4.8　服务存取点定义

命令功能	DP 主站(hex)	DP 从站(hex)
输入输出数据交互	缺省	缺省
读输入数据	0x3E	0x38
读输出数据	0x3E	0x39
读诊断数据	0x3E	0x3C
发送参数数据	0x3E	0x3D
发送配置数据	0x3E	0x3E
读配置数据	0x3E	0x3B
控制命令	0x3E	0x3A
设置地址	0x3E	0x37
MSAC-C1	0x33	0x33
MSAC-C2	0x32	0x29~0x30
源管理	0x32	0x31
备用		0x32,0x34,0x35

响应帧如表 4.9 所示。

表 4.9　响应帧结构

SDL2	LE	LEr	SDL2	DA	SA	FC	DSAP	SSAP	DU	FCS	ED
开始分界符(0x68)	数据长度	重复数据长度	开始分界符	目标地址	源地址	功能码	目标服务存取点	源服务存取点	数据单元	帧检查顺序	结束分界符

4）令牌帧结构

令牌帧结构如表 4.10 所示。

表 4.10　令牌帧结构

SDL4	DA	SA
开始分界符(0xDC)	目标地址	源地址

2. 命令含义

1) 读 DP 从站诊断数据

读 DP 从站诊断数据主要为了获得从站当前的状态,具体含义如下。

每个字节位号定义如下。

MSB　　　　　　　　　　　　　　　　　　　　　　　　　　　LSB

位号	7	6	5	4	3	2	1	0

(1) 字节 1:Station_status_1。

各个位含义如下。

位 7：Diag. Master_Lock。

DP 从站已被另一个主站参数化了。如果在"字节 4"中的地址不为 255,也不是从站自身的地址,那么, DP 主站(1 类)设置此位为 1。DP 从站设置此位为 0。

位 6:Diag. Prm_Fault。

如果上一个参数帧是错误的,如错误的长度、错误的标识码(Ident_Number)、无效的参数,那么 DP 从站设置此位为 1。

位 5:Diag. Invald_Slave_Response。

当从一个被寻址的 DP 从站处接收到一个不合理响应时,DP 主站设置此位为 1。DP 从站设置此位为 0。

位 4:Diag. Not_Supported。

当 DP 从站不支持 DP 主站发出的请求功能时,此位由该 DP 从站设置为 1。

位 3:Diag. Ext_Diag。

此位由该 DP 从站设置。如果该位被设置为 1,那么在从站特定的诊断区域中(Ex_Diag_Data)有一个诊断信息;如果该位被设置为 0,则在从站特定的诊断区域内(Ext_Diag_Data)有一个状态信息。该状态信息的含义取决于从站的具体应用。

位 2:Diag. Cfg_Fault。

当 DP 从站接收到的 DP 主站发出的上一个配置数据与自定义的配置数据不同时,则 DP 从站设置此位为 1。

位 1:Diag. Station_Not_Ready。

如果 DP 从站还未准备好数据传输,则此位由此 DP 从站设置为 1。

位 0:Diag. Station_Non_Existent。

如果相应的 DP 从站报文不能通过总线达到,此位就由该 DP 主站设置为 1。如果此位被设置,则诊断位包含上一个诊断报文的状态或其初始值。DP 从站设置此位为 0。

(2) 字节 2:Station_status_2。

各个位含义如下。

位 7:Diag. Deactivated。

当 DP 从站在 DP 从站参数集中已被标记为停用并已从循环处理中去掉时,则此位由 DP 主站设置为 1。从站总是设置此位为 0。

位 6:保留。

位 5:Diag. Sync_Mode。

当相应的 DP 从站接收到同步控制命令后,此位由 DP 从站设置为 1。

位 4:Diag. Freeze_Mode。

当相应的 DP 从站接收到冻结控制命令后,此位由 DP 从站设置为 1。

位 3:Diag. WD_On(看门狗激活)。

当其看门狗功能已被激活后,此位由 DP 从站设置为 1。

位 2:此位由 DP 从站设置为 1。

位 1:Diag. Stat_Diag(静态诊断)。

如果 DP 从站设置此位,那么 DP 主站将持续获取 DP 从站诊断信息直到该位复位。例如,当 DP 从站不能提供有效的用户数据时,DP 从站设置此位为 1。

位 0:Diag. Prm_Req。

如果 DP 从站设置此位为 1,那么相应的 DP 从站应被重新参数化和重新配置。该位保留设置直到参数化结束。该位由 DP 从站设置。

(3) 字节 3:Station_status_3。

各个位含义如下。

位 7:Diag. Ext_Diag_Overflow。

如果此位设置为 1,那么在 Ext_Diag_Data 中有比指定的信息更多的诊断信息。例如,如果有比 DP 从站在其发送缓存中更多的通道诊断数据,则 DP 从站设置此位为 1;或者,如果 DP 从站发送的数据多于 DP 主站在其诊断缓存中存储的诊断信息,则 DP 主站设置此位。

位 0～位 6:保留。

(4) 字节 4:Diag. Master_Add。

字节 4 中放置已参数化此 DP 从站的 DP 主站的地址。如果无 DP 主站已参数化此 DP 从站,则 DP 从站在字节 4 中存放 255。

(5) 字节 5 和字节 6(16 位无符号数):标识符(Ident_Number)。

给出 DP 设备的制造商标识符。此标识符一方面能用于认证,另一方面用于确切的识别。

(6) 字节 7～字节 32:Ext_Diag_Data(可扩展到 244)。

在此区域里,DP 从站放置其特定的诊断。它被定义为有一个首部字节的块结构。

主要分为设备相关的诊断和与标识符相关的诊断。与设备相关的诊断如图 4.6 所示。

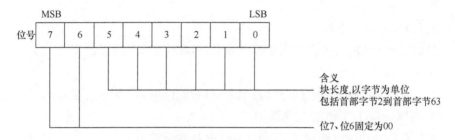

图 4.6　与设备相关诊断含义

此块中主要存放一些通用诊断信息,如温度过高、电压过低或电压过高。编码由设备的特性来定义。

与标识符相关的(模块)诊断如图 4.7 所示。为每一个在配置中使用的标识符字节保留一个位,它被填入字节限定范围中。设置未被配置的位为 0。一个设置的位意味着在此 I/O 区域中诊断正在进行中。

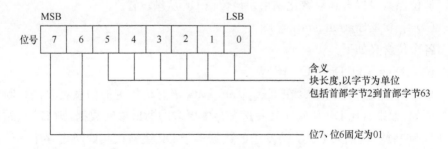

图 4.7　与标识符相关诊断含义

用于与标识符相关的诊断的位结构如图 4.8 所示。

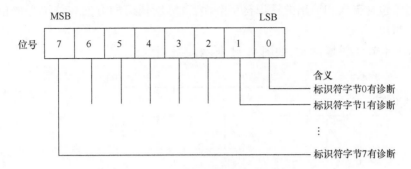

图 4.8　与标识符相关诊断的位结构

与通道相关的诊断如下。

在此块中依次存放被诊断的通道与诊断的原因。每次存放 3 个字节的数据。

(1) 字节 1:标识符号,如图 4.9 所示。

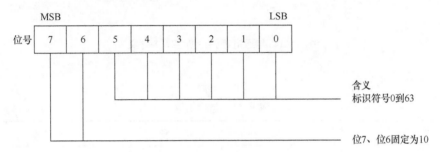

图 4.9　与通道相关诊断字节 1 含义

(2) 字节 2:通道号,如图 4.10 所示。

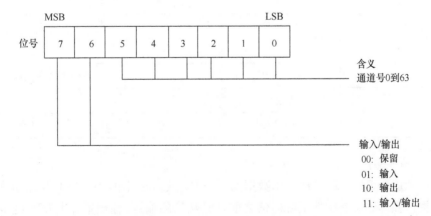

图 4.10　与通道相关诊断字节 2 含义

对于包含输入和输出的标识符字节而言,诊断信道的方向在信道号的位 6 和位 7 中指出。

(3) 字节 3:诊断的类,如图 4.11 所示。

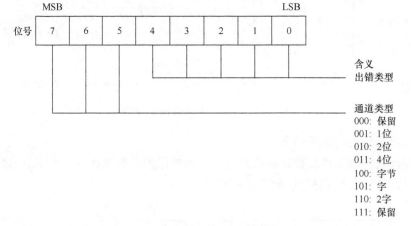

图 4.11　与通道相关诊断字节 3 含义

出错类型如表 4.11 所示。

表 4.11　出错类型

值	含义	值	含义
0	保留	8	超过了下限值
1	短路	9	错误
2	电压过低	10	保留
3	电压过高	⋮	⋮
4	过载	15	保留
5	温度过高	16	制造商专用
6	线断开	⋮	⋮
7	超过了上限值	31	制造商专用

2) 输入输出数据交互

此功能为 DP 主站发送输出数据到一个 DP 从站,并同时向该 DP 从站请求输入数据。在 DP 系统建立正常通信之前,DP 从站的输入、输出数据长度已经通过 DP 主站发送的配置数据进行检查。

DP 从站的输入、输出数据含义由 DP 从站的制造商定义。

3）读从站输入输出数据

DP 主站（2 类）借助此功能可以读取 DP 从站的输入输出数据。实现的条件是 DP 从站已处于用户数据交换模式。

4）发送从站参数数据

使用此功能传送参数数据给 DP 从站。从站的参数化在 DP 系统的建立阶段首先完成，也可在用户数据交换模式中进行。

除总线一般参数数据外，DP 从站特定的参数（如上限值或下限值）也可被传送到每个 DP 从站。

参数数据格式如下：

	MSB							LSB
位号	7	6	5	4	3	2	1	0

（1）字节 1：station_status。

各个位含义如下。

位 7：Lock_Req。

位 6：Unlock_Req。

位 7、位 6 上值不同时所对应的含义如表 4.12 所示。

表 4.12　不同的位 6 和位 7 所对应的含义

位 7	位 6	含义
0	0	参数 $\min T_{SDR}$ 可变，其他参数保持不变
0	1	DP 从站将对其他主站保持解锁
1	0	DP 从站对其他主站保持锁住，接受所有的参数（$\min T_{SDR}=0$ 除外）
1	1	DP 从站对其他主站保持解锁

位 5：Sync_Req。

若此位置位为 1，则当 DP 从站接收到 DP 主站发送的全局控制命令后，从站工作在同步模式。如果 DP 从站不支持同步模式，它就在诊断信息之中设置 Diag. Not_Supported 位。由于在参数化阶段中进行了检查，因此在用户数据交换模式中就避免了各种错误。

位 4：Freeze_Req。

若此位置位为 1，则当 DP 从站接收到 DP 主站发送的全局控制命令后，从站工作在冻结模式。如果 DP 从站不支持冻结模式，它就在诊断信息之中设置 Diag. Not_Supported 位。由于在参数化阶段中进行了检查，因此在用户数据交换模式中就避免了各种错误。

位 3:WD_On(看门狗激活)。

如果此位被设置为 0,那么看门狗功能就被禁止;如果此位被设置为 1,那么看门狗功能就被激活。

位 2:保留。

位 1:保留。

位 0:保留。

"保留"项规定这些位被保留作为将来功能的扩展。如果在一个没有这种功能扩展的设备中设置了一个"保留"位,那么将设置此位 Diag. Not_Supported。

(2) 字节 2:WD_Fact_1。

看门狗值 1,取值范围为 1～255。

(3) 字节 3:WD_Fact_2。

看门狗值 2,取值范围为 1～255。

这两个字节用于设置开门狗控制的 T_{WD} 的因子。此看门狗的功能主要用于当 DP 主站发生故障时,在设置的看门狗的值到了以后,DP 从站的输出进入安全状态。计算公式如下:

$$T_{WD}(以\ s\ 为单位)=10ms×WD\_Fact\_1×WD\_Fact\_2$$

此 T_{WD} 值的范围为 10ms～650s,此值与波特率无关,开门狗控制由"位 3:WD_On"来激活或禁止。

(4) 字节 4:最小站延迟($minT_{SDR}$)。

DP 操作取值范围:$0～maxT_{SDR}$,混合操作取值范围:$0～255t_{bit}$。这是 DP 从站等待允许它向 DP 主站发送一个响应帧的最小时间。如果在此字节设置为 0,那么先前的值保持不变。

(5) 字节 5 和字节 6(16 位无符号数):标识符(Ident_Number)。

如果 DP 主站发送的标识符(Ident_Number)与自己的标识符相同,那么 DP 从站接受此参数帧。例外情况:如果两个位 Lock_Req 与 Unlock_Req 都是 0,并且 Ident_Number 是不同的,则 $minT_{SDR}$ 也允许被设置。

(6) 字节 7:Group_Ident。

此字节用于全局控制命令的分组。每一位代表一个组,Group_Ident 只有在 Lock_Req 位被设置为 1 时才被接受。

(7) 字节 8～字节 32:User_Prm_Data(可扩展到 244)。

DP 从站可自由分配这些字节的特定参数含义,如诊断滤波值或整定参数值等。

对于 User_Prm_Data 值的含义与范围可由具体的应用来定义。

5）发送从站配置数据

此功能允许 DP 主站发送配置数据给 DP 从站,这样 DP 从站可以检查主站发送的配置数据是否与自身的配置数据一致。配置数据包括输入输出区域的范围,也包括关于数据连续性的信息。

这种连续性也影响到 DP 从站与 DP 主站(1 类)。如果 DP 主站希望 DP 从站数据区连续,它就用具有一组连续性位的功能 DDLM_Chk_Cfg 来报告这一点。如果 DP 从站需要一个数据区的连续性,它就用具有一组连续性位的功能 DDLM_Get_Cfg 来报告这一点。在这种情况下,对于 DP 主站的数据区的连续性位也将在功能 DDLM_Chk_Cfg 上被设置。

DP 从站将从 DP 主站接收到的配置数据(Cfg_Data)与它的实际配置数据(Real_Cfg_Data)进行比较。当核对配置数据时,格式与长度信息以及输入、输出区域应该是一致的。连续性位的核对仅在下列情形中引起一个配置故障(Daig.Cfg_Fault):

（1）DP 从站需要一个数据区的连续性,而 DP 主站指示没有连续性;

（2）DP 从站不能提供一个数据区的连续性,而 DP 主站要求这数据区的连续性。

标识符字节含义见图 4.12。

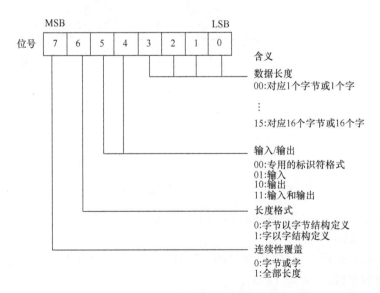

图 4.12　标识符字节含义

当传送字时,Profibus-DP 首先传送高位字节,再传送低位字节。此外,Profibus-DP 提供了一个实际标识符系统的特殊扩展,即扩展配置。

特殊标识符格式如图 4.13 所示。

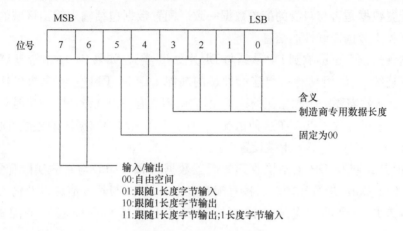

图 4.13　特殊标识符含义

长度字节定义如图 4.14 所示。

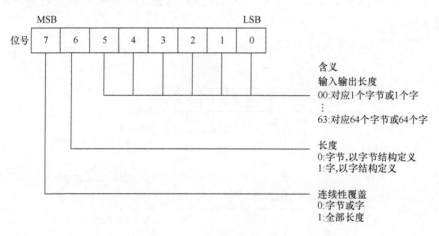

图 4.14　输入输出长度定义

下面给出了一个特殊标识符格式的例子,如图 4.15 所示。

6) 读从站配置数据

此功能允许用户读取 DP 从站的配置数据。请求方获取 DP 从站已定义的实际的配置数据(Real_Cfg_Data)。

	MSB							LSB	
8位字节1	1	1	0	0	0	0	1	0	输入/输出,3字节 制造商专用数据
8位字节2	1	1	0	0	1	1	1	1	连续性输出,16个字
8位字节3	1	1	0	0	0	1	1	1	连续性输入,8个字
8位字节4	制造商								
8位字节5	专用								
8位字节6	数据								

图 4.15　特殊标识符举例

7) 控制命令

此功能允许用户发送一个特殊的控制命令到一个或多个 DP 从站。

例如,此命令可用于 DP 从站之间的同步化。DP 从站只接收给自己传送参数数据与配置数据的 DP 主站的控制命令。DP 主站(1 类)通过这些控制命令把它的操作模式告知 DP 从站。

此控制命令参数有 2 个字节,为控制命令(Control_Command)、组选择(Group_Select)字节格式如下:

	MSB							LSB
位号	7	6	5	4	3	2	1	0

控制命令(Control_Command)各个位含义如下。

位 7:保留。

位 6:保留。

位 5:同步。

给出并冻结使用输入输出数据交互命令传送的输出数据状态,只有在接收到下一个同步控制命令时,才给出所跟随的输出数据。

位 4:非同步。

非同步控制命令撤销同步命令。

位 3:冻结。

读出并冻结输入的状态。此后的冻结控制命令重复该过程。支持冻结模式的 DP 从站必须确保:在冻结控制命令之后的下一个数据交换循环中,上次冻结的输入值必须被传送。

位 2:非冻结。

冻结输入将被撤销。

位 1:清除数据。

清除所有的输出。

位 0:保留。

同步/非同步、冻结/非冻结相应位的含义如表 4.13 所示。

表 4.13　同步/非同步、冻结/非冻结位含义

位 2(相应的位 4)	位 3(相应的位 5)	含义
0	0	无功能
0	1	功能被激活
1	0	功能被解除激活
1	1	功能被解除激活

组选择(Group_Select):此一个字节的数据决定哪一个(或哪些)组应被寻址。如果在 Group_Ident(在参数数据中被传递)与 Group_Select 之间的 AND 操作产生一个不为零的值,那么,控制命令就有效。如果参数 Group_Select 为零,那么,所有的 DP 从站被寻址。

8) 设置从站地址

此功能允许 DP 主站(2 类)改变 DP 从站的地址。如果 DP 从站没有存储能力(EEPROM、FLASH)或如果通过一个开关来设置地址,则此功能以 RS 出错报文来拒绝。与此同时,此功能将同时发送 DP 从站的标识符(Ident_Number),如果本地的和被传送的标识符一致,那么 DP 从站的地址将被改变。此命令一般很少使用,大多数的 DP 从站不支持此命令。

9) 非周期读命令(MSAC1_Read)

此命令主要用于主站向支持 DPV1 功能的从站读取一定长度的数据块,此命令操作与从站的槽号(Slot_Number)、索引号(Index)以及长度(Length)相关。

(1) 槽号(Slot_Number)。用来指示从站数据块(如一个模块)的槽号。数据范围为 0～254(255 保留)。

(2) 索引号(Index)。用来指示从站数据块的寻址,指明是从数据块的哪个起始地址开始。数据范围为 0～254(255 保留)。

(3) 长度(Length)。用来指示想要读取从站数据块的长度,即字节数。数据范围为 0～240,即数据的最大长度为 240 个字节。

10) 非周期写命令(MSAC1_Write)

此命令主要用于主站向支持 DPV1 功能的从站写入一定长度的数据块,此命令操作与从站的槽号(Slot_Number)、索引号(Index)以及长度(Length)相关。

(1) 槽号(Slot_Number)。用来指示从站数据块(如一个模块)的槽号。数据范围为 0~254(255 保留)。

(2) 索引号(Index)。用来指示从站数据块的寻址,指明写入从站的数据块起始地址。数据范围为 0~254(255 保留)。

(3) 长度(Length)。用来指示想要写入的从站数据块的长度,即字节数。数据范围为 0~240,即数据的最大长度为 240 个字节。

4.3　从站产品开发

4.3.1　从站分类

Profibus-DP 从站产品主要分为如下两类。

1. 内置型

设备制造商生产的设备内置了 Profibus-DP 从站功能,可直接接入 Profibus-DP 网络与主站交互数据。

2. 外置型

目前,国内的 Profibus-DP 现场总线正处于稳步发展阶段,因此内置型的 Profibus-DP 从站产品还比较少,很多设备只内置了 Modbus 通信接口。用户如何轻松简单地将带有 Modbus 接口的设备接入 Profibus-DP 总线系统? Profibus-DP 通信适配器无疑是最佳的选择。它的主要功能就是在设备本体和 Profibus-DP 总线之间架起一座桥梁,使设备的采集数据以正确的方式上传给 Profibus-DP 主站,并将 Profibus-DP 主站的命令下传给设备。这样设备制造商就不需要花费大量的精力改变设备本体结构和研究 Profibus-DP 规范。Profibus-DP 通信适配器在 Profibus-DP 系统中作为一个 DP 从站,而在 Modbus 侧则充当主站,主要分类如下。

1) 通用型

这种 Profibus-DP 通信适配器一般可连接 1~32 台相同或不同的设备,有些生产厂家称为"总线桥"。如图 4.16 所示。

通用型 Profibus-DP 通信适配器通常采用 DPV0(周期性数据传输)的形式传输所有数据。在每个通信适配器的 I/O 数据刷新周期内,通信适配器必须轮询所连接的所有设备,与每个设备进行数据交换,通信适配器再把所有设备的数据传递

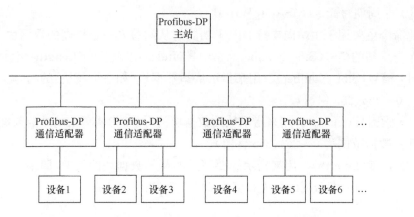

图 4.16　通用型 Profibus-DP 通信适配器

给 Profibus-DP 主站。如果所连接的设备比较多,轮询周期就会很长,这样,大大影响了 Profibus-DP 的数据更新,降低了整个网络的运行效率。而受到 Profibus-DP 传输特性的限制,Profibus-DP 每个从站最大的输入输出长度为 244 个字节,因此所连接的设备总数受到最大数据长度的限制,因此通用型 Profibus-DP 通信适配器不适合参数比较多的设备,而且对实时性要求比较高的场合,建议尽量减少所连接的设备数[70]。

2) 增强型

Profibus-DP 最初的版本为 DPV0,它提供了 DP 的基本功能,包括循环的数据交换,以及站诊断、模块诊断和特定通道诊断;而扩展的 DPV1 包含依据过程自动化的需求而增加了功能,特别是用于参数赋值、操作、智能现场设备的可视化和报警处理等的非周期数据通信。

目前,市场上大多数生产厂家生产的是符合 DPV0(周期性数据传输)规约的 Profibus-DP 产品。如果设备的数据量大,而有些数据的实时性要求不高的时候,采用 DPV0 规约就不适应设备的需要了。因此,应该采用周期性、非周期两种类型的数据传输方式,灵活地进行信息传输。周期报文传输对实时性要求严格的数据;非周期报文传输一些非实时性的数据,如设备的一些偶发的、数据量较大的配置、故障、诊断、描述型数据[70]。

以 MCCB(塑壳断路器)的参数为例(表 4.14),它需要实时传输的就是 2 个字节的输出数据和 10 个字节的输入数据,而一些实时性不强的参数则有 204 个,如果都以周期性的数据传输,大大加重了 Profibus-DP 网络的负荷。因此可以把 204 个参数采用非周期的传输方式,只在用户需要的时候进行数据的传输,平时只传输 2 个字节的输出数据和 10 个字节的输入数据,这样极大地提高了设备数据传输的效率[70]。

表 4.14　MCCB 参数定义表

MCCB 数据描述	占字节数	数据形式
实时输入数据(电压、电流等)	10	周期性数据
实时输出数据(合闸、分闸)	2	
报警、分断电流电压等其他数据	22	非周期数据
参数数据	34	
厂商描述型数据	148	

　　考虑到通信数据的实时性,一般增强型的通信适配器可连接 1～8 台相同或不同的设备。由于每台设备的实时性数据并不多,如连接 8 台 MCCB,总的输出数据为 16 个字节,输入数据为 80 个字节,而非周期的数据都是偶然出现,分次传输的,因而对 Profibus-DP 网络的负荷影响不大。

　　因此,当设备的数据量比较大,实时性数据不多的情况下,可采用增强型的 Profibus-DP 通信适配器。

　　3) 可配置型

　　传统的 Profibus-DP 通信适配器一般只能连接某种固定的设备,对于同一类设备,由于制造商的不同,其串口侧的通信规约也不尽相同,而且对于通信规约相同的设备,每个制造商所提供的参数也是千差万别的,因而只能是一个通信适配器配一种固定的设备,有些用户需要改变设备的一些参数或者改变设备的型号时,只能由生产厂家修改适配器的软件重新烧写芯片,这就给生产厂商和用户带来了不便。

　　所谓可配置,就是通过上位机软件,借助直观的用户界面,引导用户根据自身的产品需要对设备的功能进行选择和设定,并自动生成配置文件,以满足各种用户的不同需要,从而实现任意符合 Modbus 协议的设备连接到 Profibus-DP 网络,如图 4.17 所示。可配置的通信适配器能适应各种设备的特性,使不了解 Profibus-DP 的用户也能轻易构建复杂的现场总线网络,提高了设备的通用性和灵活性,真正实现了用户的个性化配置。可配置型 Profibus-DP 通信适配器如图 4.17 所示。

　　与增强型的 Profibus-DP 通信适配器类似,可配置的通信适配器也可连接 1～8 台相同或不同的设备。因此,可配置型 Profibus-DP 通信适配器特别适用于用户需要更改设备或更改设备参数的场合[70]。

　　4) 专用型

　　一些设备生产制造商(如生产变频器的厂家)一般在其产品中内置 Modbus 通信模块,通过通信适配器转接到 Profibus-DP 网络中,一台通信适配器只连接一台设备。专用型 Profibus-DP 通信适配器如图 4.18 所示。

　　当连接的设备是变频器时,Profibus-DP 通信适配器必须采用 PI(Profibus International)制定的关于变频器的行规(Profibus profile for variable speed drives,

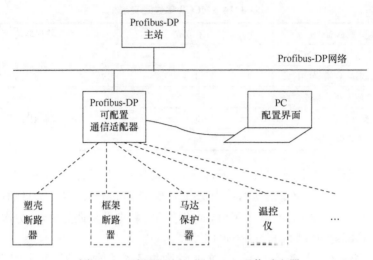

图 4.17　可配置型 Profibus-DP 通信适配器

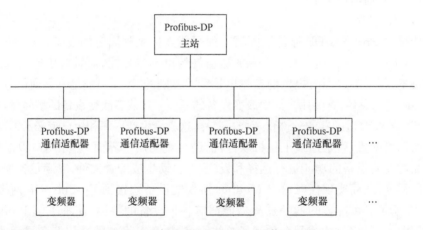

图 4.18　专用型 Profibus-DP 通信适配器

Profidrive)。Profidrive 只采用周期性的数据传输,使用 PPO(parameter-process data-object)类型作为数据传递的格式,不同的 PPO 类型有不同的组成。

Profidrive 中规定了从 PPO1 至 PPO5 的五种数据长度,根据不同的变频器,Profibus-DP 通信适配器可灵活选择其中的一种。Profidrive 解决了数据量大时,Profibus-DP 通信实时性的问题,但是用户在读写参数时,每次只能读写一个参数,因此此类专用的 Profibus-DP 通信适配器不适用于经常要读写参数的设备[70]。

4.3.2　从站设计方案

Profibus-DP 从站的开发主要分以下两种。

1. 自主开发

制造商可研究 Profibus-DP 标准规范,根据规范中的定义、说明、流程图等自主开发产品,这要求制造商对 Profibus-DP 协议非常精通,必须考虑 Profibus-DP 协议结构的各个层(物理层、数据链路层和用户接口),开发难度、获得一致性测试认证的难度都较大。

2. 基于协议芯片的开发

制造商若想快速开发 Profibus-DP 产品,则可采用协议芯片。这样,制造商只需掌握协议芯片的基本原理,对协议芯片实现基本的初始化工作以及后续的数据交互,即可实现 Profibus-DP 从站产品的开发,与自主开发方式相比,开发难度、获得一致性测试认证的难度小很多。

目前,市场上主要的协议芯片为西门子推广的 SPC3、德国 Profichip 公司推广的 VPC3 芯片。为进一步加快研发进度、节约研发成本,一般都采用芯片公司销售的开发包程序,如西门子的 Package 4 开发软件包(针对 SPC3 芯片)、VIPA 公司的 Profibus-DP 开发包(针对 VPC3 芯片)。

下面,就以增强型的 Profibus-DP 通信适配器为例,介绍 Profibus-DP 从站的开发。

4.3.3 硬件开发

此增强型的 Profibus-DP 通信适配器硬件原理框图如图 4.19 所示,采用 SPC3 协议芯片实现 Profibus-DP 侧的通信;采用 80C51 的微处理器实现与 SPC3 的数据交互以及 Modbus 侧的通信;以及其他的指示灯、拨码、光耦隔离、电源等外围电路。

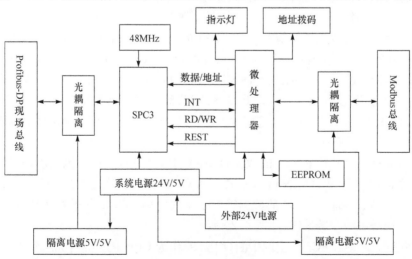

图 4.19 硬件原理框图

1. 协议芯片

Profibus-DP 产品采用协议芯片种类主要如表 4.15 所示。

表 4.15　协议芯片对比

制造商	芯片	类型	加 CPU	特征
西门子	SPC3	从站	是	外设协议芯片,只支持 DP(V0、V1、V2)
西门子	SPC4	从站	是	外设协议芯片,支持 DP、FMS、PA
西门子	ASPC2	主站	是	外设协议芯片,支持 DP、FMS、PA
西门子	SPM2	从站	否	单片,有 64 个 I/O 位
西门子	LSPM2	从站	否	低价格,单片,有 32 个 I/O 位
Profichip	VPC3+	从站	是	外设协议芯片,只支持 DPV0
Profichip	VPC3+C	从站	是	外设协议芯片,支持 DPV0、V1、V2
Profichip	VPCLS2	从站	否	单片,有 64 个 I/O 位

本书主要介绍西门子推广的 SPC3 与 Profichip 公司 VPC3+C 芯片,除去商业因素外,SPC3 与 VPC3+C 两种芯片主要区别如下:

(1) SPC3 芯片只有 5V 供电,VPC3+C 可支持 3.3V、5V 灵活供电;

(2) SPC3 芯片内置 1.5KB 双端口 RAM,VPC3+C 内置 4KB 双端口 RAM。

以 SPC3 为例,芯片主要特点如下。

(1) SPC3 是一种用于从站的智能通信芯片,支持 Profibus-DP 协议。

(2) SPC3 具有 1.5KB 的信息报文存储器,采用 44 管脚的 PQFP 封装。

(3) SPC3 可独立完成全部 Profibus-DP 的 DPV0 和 DPV1 通信功能,这样可加速通信协议的执行,而且可以减少接口模板微处理器中的软件程序。

(4) SPC3 本身具有地址锁存功能,不需另加锁存器,自身可以产生片选信号。

(5) SPC3 主要技术指标。① 支持的通信速率:9.6kbit/s、19.2kbit/s、45.45kbit/s、93.75kbit/s、187.5kbit/s、500kbit/s、1.5Mbit/s、3Mbit/s、6Mbit/s、12Mbit/s,用户通过上位机配置软件设置 Profibus-DP 主站的波特率,其他从站根据主站的波特率自适应。② 与 80C32、80X86、80C165、80C166、80C167 和 HC11、HC16、HC916 系列芯片兼容。③ 集成的看门狗功能。④ 外部时钟接口 24MHz 或 48MHz。⑤5V(DC)供电。

SPC3 有一个并行的 8bit 的数据接口和 11bit 的地址总线,因 CPU 的不同而支持不同的工作模式,即 INTEL 模式和 MOTOROLA 模式。在 INTEL 模式下(即芯片引脚 8 接地),SPC3 的数据线与地址线复用,SPC3 内部锁存器通过 CPU 的 ALE 信号可锁存数据线,如图 4.20 所示。

在图 4.20 中,SPC3 产生的中断(引脚 9)作为 CPU 的外部中断,定期与 CPU 交互数据;当 SPC3 正常工作时(即与主站正常交互输入、输出数据),SPC3 的引脚

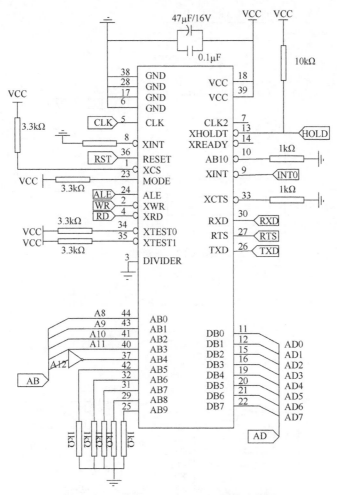

图 4.20 8 位机 CPU 与 SPC3 硬件连接图

14 输出低电平,用户可利用此特性连接相应的 LED 灯作为数据交换指示灯,也可通过 CPU 检测到此引脚电平后再根据用户的需求指示产品的通信状态。

SPC3 片内有集成 1.5KB 的双端口 RAM 空间,此 RAM 分为 192 部分,每部分由 8 个字节组成,由于只有 8 位的数据接口,因此地址的访问是由 3bit 的偏移位加 8 位组成,如图 4.21 所示。用户对 SPC3 数据的读写相当于是在访问一个外部 RAM,因此用户选择 8 位机 CPU 时,为了和 CPU 内部的 RAM 区分,一般将图 4.20 中的地址线 A12 取反,用户访问 SPC3 的地址范围为 0x1000H~0x15FFH。

随着技术的发展,客户对产品的性能、实时性要求更高,32 位机应运而生。而 32 位机一般采用 3.3V 主电源供电,因此,为简化不同电源之间的转化,可采用 VPC3 芯片来进行产品开发。如图 4.22 所示,由于 32 位机的地址线与数据线不复用,因此硬件电路设计与 8 位机有所区别。

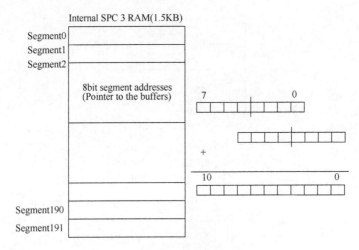

图 4.21　地址线

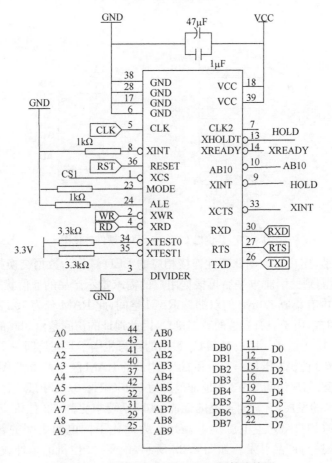

图 4.22　32 位机 CPU 与 SPC3 硬件连接图

2. 驱动电路

Profibus-DP 总线驱动器一侧与 D 型插座相连,另一侧通过光耦与协议芯片 SPC3（或 VPC3）相连。目前能满足 12MB 的驱动芯片有 SN65ALS176、SN75ALS176、ADM1485 等,采用光耦隔离主要是为了消除来自零线的干扰,能满足 12M 的光耦有 HCPL7720、HCPL0720、HCPL7721、HCPL0721、HCPL7710 等。另外,要求电源也采取隔离措施,如加变压器隔离电源等措施。

技术在不断发展,近几年一些芯片厂商也推出了驱动部分的集成芯片,如 TI 公司的 ISO1176,它是一款带集成变压器驱动器的隔离式半双工差分线路收发器,具有生命周期更长、可靠性更高、缩小板级空间、降低成本、更高速度、连接更多节点的特点。如图 4.23 所示。

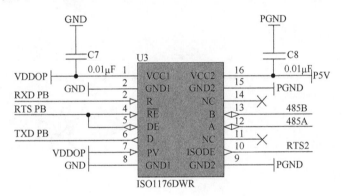

图 4.23　ISO1176 芯片示意图

3. 通信接口

Profibus-DP 连接器如图 4.24 所示,侧面有一个终端电阻选择的拨码开关,当网络节点处于第一个或者末端时,必须打开终端电阻,以使网络匹配,达到更好的通信效果。

图 4.24　Profibus-DP 连接器

4. 电磁兼容

Profibus-DP 从站协议芯片采用 48MHz 晶振工作,由于晶振频率高,其二次、三次谐波频率更高,波长更短,很容易产生电磁辐射超标问题[71]。

若依据 IEC61131-2 的标准,从站产品 EMI 性能指标要求如表 4.16 所示。

表 4.16　IEC61131-2 中 EMI 性能指标

频率范围	严酷等级(标准)	基本标准
30～230MHz 230～1000MHz	在距离 10m 处测得 40dBμV/m 准峰值 47dBμV/m 准峰值	CISPR 11 A 类,1 组

依据以上标准,若在硬件设计时不考虑产品的电磁兼容问题,很容易在 EMI 测试中出现图 4.25 所示的结果。依据实验室折算标准,测试时将表中的限值加了 10dBμV/m。表 4.17 所示为关键点的场强测试数据。

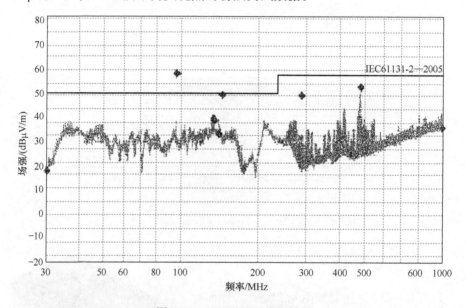

图 4.25　13m 处测量场强结果

表 4.17　EMI 关键点测试数据

频率/MHz	准峰值/(dBμV/m)	边缘值/(dBμV/m)	极限值/(dBμV/m)
30.00	18.1	31.9	50.0
96.00	58.3	−8.3	50.0
132.78	39.4	10.6	50.0
135.96	38.9	11.1	50.0

续表

频率/MHz	准峰值/(dBμV/m)	边缘值/(dBμV/m)	极限值/(dBμV/m)
139.14	33.4	16.6	50.0
144.00	49.6	0.4	50.0
288.00	49.4	7.6	57.0
480.00	52.9	4.1	57.0
1000.00	36.1	20.9	57.0

从图 4.25 中可以看出,有一系列间隔相等的频点的场强出现尖峰,96MHz 处的场强已经超标。结合表 4.17,仔细分析后,发现尖峰出现处的频率皆为 48MHz 的整数倍,图 4.25 中 4 个尖峰出现的频点分别为 96MHz、144MHz、288MHz、480MHz。由于 Profibus-DP 协议芯片采用了一个 48MHz 的有源晶振,不难推断图中系列尖峰与 48MHz 晶振相关,这些能量很强的频点集中在 48MHz 的谐波上,其中二次谐波频点已经超标。因此解决该 Profibus-DP 系统 EMI 问题的重点是有源晶振产生的多次谐波的抑制。

可采取以下改进措施来提高 Profibus-DP 产品的 EMI 性能。

1) 改进有源晶振的外围电路

图 4.26 为改进后电路。在晶振的电源脚上加了磁珠,这样做的目的在于阻止晶振中的噪声信号进入电源网络。需注意的是,该磁珠需尽可能地靠近晶振的电源输入脚。

2) 在有源晶振和协议芯片间插入 RC 滤波网络

如图 4.26 所示,在有源晶振的输出管脚串联一个电阻,在该电阻后并联一个电容。电阻阻值不宜过大,一般在 200Ω 以下,电容的容值要选取得当。RC 滤波网络有两个作用:一是对有源晶振的输出信号进行滤波,滤除振荡信号的高频谐波分量;二是降幅,使得有源晶振输出的振荡信号幅度减小,降低辐射能量。

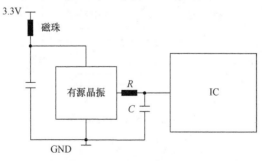

图 4.26　改进后电路

3）有源晶振硬件设计

在设计电路板时,有源晶振的输出管脚到 IC 的时钟输入管脚走线要尽量短,尽量粗,尽量直;在晶振电路附近或下面禁止布其他信号线;若晶振外壳为金属,则一定要在晶振下面覆铜接地,并多打过孔保证与地平面有良好的电气连接。

4）在 Profibus-DP 从站电源输入处加片式磁珠

片式磁珠的功能主要是消除存在于传输线结构(PCB 电路)中的 RF 噪声,该器件允许直流信号通过,而滤除交流信号。它广泛应用于印制电路板、电源线和数据线上,如在印制板的电源线入口端加上片式磁珠,就可以滤除高频干扰[72,73]。

4.3.4　软件开发

1. 协议芯片工作原理

SPC3 协议芯片主要负责与 Profibus-DP 系统中的主站进行通信,但是,SPC3如何工作,还是要受用户 CPU 的管理。SPC3 内部主要由微处理器、内部总线单元、中断控制器、模式寄存器、看门狗、双端口 RAM、UART 接口、总线空闲定时器、波特率发生器等组成。SPC3 内部结构如图 4.27 所示。

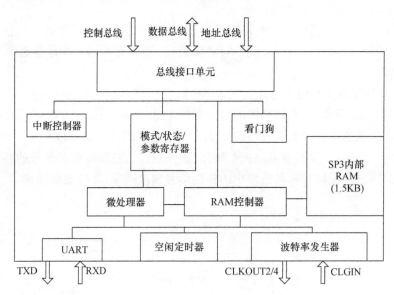

图 4.27　SPC3 内部结构

1）微处理器

控制 SPC3 芯片内部的所有操作,实现完整的 Profibus-DP 协议,与用户 CPU

的数据交互等。

2）内部总线单元

在微处理器的控制下与用户 CPU 实现各种参数、数据的交互。

3）中断控制器

SPC3 有一个公共的中断输出，可以通过读取中断寄存器来判断中断源的性质。中断源包括 New_SSA_Data、New_Prm_Data、New_Cfg_Data、New_GC_Command、DX_OUT、Baudrate_Detect 等 16 个中断源。

4）模式寄存器

模式寄存器 0 设置 Profibus-DP 的操作方式，如 $minT_{SDR}$（最小应答响应时间）、SYNC（同步）、FREEZE（冻结）等；模式寄存器 1 可设置动态改变的状态，如中断终止、启动/停止 Profibus-DP 等。模式寄存器 0 必须在离线状态进行赋值，一旦上电，就不能修改。模式寄存器 1 在上电后可对每个位进行置位和复位。

状态寄存器主要反映当前 SPC3 的状态看门狗的状态、DP 的状态、波特率大小等。

5）看门狗

SPC3 中集成一个看门狗定时器，如用户 CPU 有故障则禁止 Profibus-DP 通信，确保不危及外围设备。内置的看门狗定时器能工作在三种状态下：波特率搜索（Baud search）、波特率控制（Baud control）和 DP 控制（DP control）。SPC3 自动检测波特率，每次复位后，看门狗时间到时进入波特率搜索状态，从最高波特率开始检测，找到后转入波特率控制状态，根据用户设置参数时设置的 WD_Fact_1、WD_Fact_2 确定控制时间，若接收的报文无误，则 SPC3 复位看门狗，若看门狗超时，则 SPC3 返回到波特率搜索状态。

6）双端口 RAM

双端口 RAM 若以功能区分，可分为三个区域：

（1）模式/状态寄存器区域（000H～015H）。模式寄存器在 SPC3 启动后，加载过程指定参数（如从站地址、缓冲器地址、控制位信息等），过程指定参数和数据缓冲器都存放在 RAM 中。状态寄存器可以读取 SPC3 的通信和故障状态，如看门狗的状态、DP 状态（Idle、Prm-State、Cfg-State、Data-Exchange）和通信速率等。

（2）配置参数区域（016H～03FH）。参数配置主要包括本站地址、设备标识号、地址允许改变变量、用户看门狗值和各种缓冲区的指针与长度，这些缓冲区主要包括三个输入缓冲区、三个输出缓冲区、两个诊断缓冲区、两个辅助缓冲区、两个配置缓冲区、一个参数缓冲区和一个地址设置缓冲区。

（3）用户区域（040H～5FFH）。此区域主要是 SPC3 的数据缓冲区，主要用来接收来自 I/O 应用和来自主站的数据。这些缓冲区的配置，包括缓冲区的长度和初始地址必须在 SPC3 的离线状态下完成。在操作过程中，除了数据输出缓冲区和数据输入缓冲区的长度可变外，其他配置不能改变。用户 I/O 应用可以通过中断或轮询方式与 SPC3 交换数据。

7）UART 接口

在 UART 中，并行数据交换成串行数据流和将串行数据流变成并行数据流，在第一个字符发送前，SPC3 将生成 RTS（Request_To_Send）信号。

8）总线空闲定时器

总线空闲定时器（Idle Timer）直接控制串行总线电缆上的时序。

9）波特率发生器

波特率发生器主要接收外部 48MHz 有源晶振的输入，可对外输出 24MHz 或 12MHz 的晶振波形供用户 CPU 使用。

2. 软件设计

组建 Profibus-DP 系统时，用户首先需要在上位机配置软件中对整个系统进行配置，主要配置一些主站的基本参数，根据需要添加系统中所需的从站。

如果主站想要与从站进行通信，主站会发送诊断报文以检测从站是否准备就绪，诊断报文会被重复发送，直到该从站响应主站的请求。如果从站响应了主站的诊断请求，则从站将被初始化，即接收主站的参数报文和配置报文，然后主站向从站发送诊断报文，看是否有以下情况出现：

（1）从站参数化和配置错误；

（2）从站被另一主站占用；

（3）从站发生静态用户诊断，因此常规的数据传输毫无意义（如从站报输出的外部电源掉电等）；

（4）从站还没有准备好进行数据传输。

如果出现（1）、（2）的状况，主站将返回到开始状态，重新发送诊断报文检测从站是否准备就绪。

如果出现（3）、（4）的状况，主站一直请求诊断信息，直到用户故障排除或者从站已准备好数据传输。

若没有上述错误，则主站开始于从站进行用户数据交换。第一次交换时，主站给出它已经处于工作模式，当主站离开工作模式时，一般通过全局控制命令将所有从站的输出数据清零。

开发从站设备时，出现（1）、（4）的情况较多，一般来说，（1）的故障比较好排除，主要看自己程序中对参数、配置数据的设置是否与 GSD 文件中的一致。出现(4)的情况,一般是由于 CPU 的接口程序中没有对 SPC3 芯片正常初始化。因此,需检查相应初始化的程序。

　　CPU 的接口程序主要实现在 SPC3 内部寄存器与应用接口之间的连接,完成 SPC3 的初始化和数据交换。Profibus-DP 的状态机可以保证 DP 从站在各种情况下行为一致性,SPC3 内部集成了状态机,图 4.28 是对 Profibus-DP 状态机的简单介绍。在上电状态,完成相应的初始化步骤,从站进入写参数状态,等待参数化。此状态下,从站可以接收从站诊断、获取配置的包文。参数化完成后,从站进入写配置状态,同样,在写配置状态下从站可以接收从站诊断、设置参数、获取配置等报文。配置成功后,从站进入数据交换状态,进行数据的通信,在该状态下,从站还可以接收读输入数据、读输出数据、全局命令(同步、冻结)、从站诊断,获取配置等报文。若检查配置和数据交换状态不成功,则返回到参数化阶段。

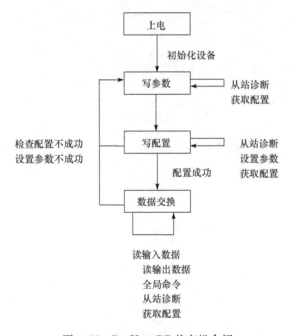

图 4.28　Profibus-DP 状态机介绍

　　由于 SPC3 集成了完整的 Profibus-DP 协议,因此 CPU 不用参与处理 Profibus-DP 状态机,其主要任务是根据 SPC3 产生的中断,对 SPC3 接收到的主站发出的输出数据转存,组织要通过 SPC3 发给主站的数据,并根据要求组织外部诊断等,CPU 的主流程图如图 4.29 所示。其中 SPC3 初始化包括设置 SPC3 允许的中断、写入从站标识符(Ident_Number)和地址、设置 SPC3 方式寄存器、设置诊断缓冲区、参数缓冲区、地址缓冲区初始长度、各个缓冲区的指针及辅助缓冲区的指针;根据传输的数据长度,确定输出缓冲区、输入缓冲区及指针。CPU 的中断程序如图 4.30 所示,主要用来处理各种参数、配置、全局命令等。

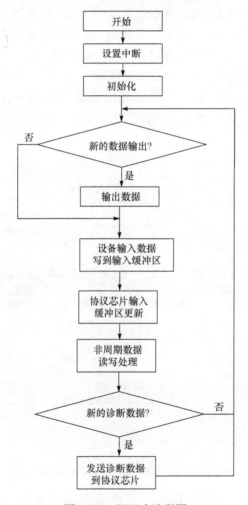

图 4.29　CPU 主流程图

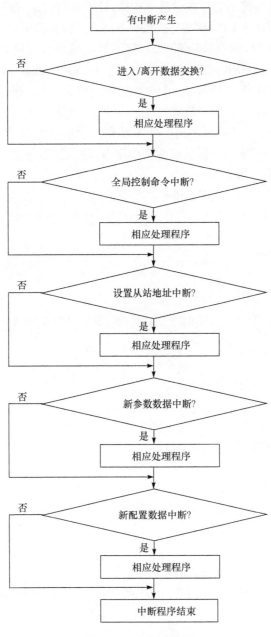

图 4.30　中断流程图

3. 报文举例

研发通信产品最常见的调试手段就是分析总线上的报文,通过主站、从站之间的"对话"了解产品为何不能与主站建立连接、处于何种状态、是否符合规范等。

若需监控 Profibus-DP 总线报文,最简单的方式就是购买一个 RS232 转 RS485 模块(若 PC 上无串口,则直接购买 USB 转 RS485 模块),把模块 RS485 侧连接到 Profibus-DP 系统中,系统中主站波特率设置为 9600bit/s 或者 19200bit/s,通过 PC 的串口调试助手软件获取 Profibus-DP 系统中的报文(串口调试助手中设置与主站相同的波特率,采用〈8,E,1〉模式)。

本例中的 Profibus-DP 系统由一个主站和一个从站组成,其中主站地址为 5, 从站地址为 6,从站的输出数据长度为 2 个字节,输入数据长度为 10 个字节,支持 DPV1 的读、写功能。报文如下:

68 05 05 68 86 85 6D 3C 3E F2 16
68 12 12 68 85 86 08 3E 3C 02 05 00 FF 00 08 42 00 05 81 00 00 00 63 16
DC 05 05
10 36 05 49 84 16
DC 05 05
10 37 05 49 85 16
68 0F 0F 68 86 85 5D 3D 3E 88 12 14 0B 00 08 00 80 00 00 24 16
E5
DC 05 05
10 38 05 49 86 16
DC 05 05
10 39 05 49 87 16
68 09 09 68 86 85 7D 3E 3E 13 13 11 21 5C 16
E5
DC 05 05
10 3A 05 49 88 16
DC 05 05
10 3B 05 49 89 16
68 05 05 68 86 85 5D 3C 3E E2 16
68 12 12 68 85 86 08 3E 3C 02 0C 00 05 00 08 42 00 05 81 00 00 00 70 16
DC 05 05
10 3C 05 49 8A 16
DC 05 05
10 3D 05 49 8B 16
68 05 05 68 86 85 7D 3C 3E 02 16
68 12 12 68 85 86 08 3E 3C 00 0C 00 05 00 08 42 00 05 81 00 00 00 6E 16

DC 05 05

10 3E 05 49 8C 16

DC 05 05

10 3F 05 49 8D 16

68 05 05 68 06 05 5D 00 00 68 16

68 0D 0D 68 05 06 08 04 04 00 00 00 00 00 00 00 00 1B 16

DC 05 05

10 40 05 49 8E 16

DC 05 05

10 41 05 49 8F 16

68 05 05 68 06 05 7D 00 00 88 16

68 0D 0D 68 05 06 08 04 04 00 00 00 00 00 00 00 00 1B 16

DC 05 05

10 42 05 49 90 16

68 09 09 68 86 85 7C 33 33 5E 00 52 CC 8D 16

E5

68 05 05 68 06 05 5D 00 00 68 16

68 0D 0D 68 05 06 08 04 04 00 00 00 00 00 00 00 00 1B 16

DC 05 05

10 43 05 49 91 16

68 05 05 68 86 85 7C 33 33 ED 16

68 D5 D5 68 85 86 08 33 33 5E 00 52 CC FF FF 00 00 00 20 00 00 00 10 06 43 05
00 00 00 00 00 FF FF FF FF 00 43 00 32 04 B0 01 2C 00 C8 00 7F 00 00 FF FF 00
43 FF FF 00 00 00 00 00 F7 00 00 00 64 00 00 00 00 01 18 02 B2 00 E6 00 64 00
64 00 03 00 06 32 30 30 34 30 38 00 0E 43 53 4B 47 5F 43 4D 31 7A 5F 30 30 30
31 FF FF FF FF FF FF FF FF FF FF FF FF FF FF FF FF 00 1A 43 48 41 4E 47
53 48 55 20 53 57 49 54 43 48 47 45 41 52 20 50 4C 41 4E 54 20 FF FF FF FF 00
08 30 34 30 38 30 30 30 32 FF FF FF FF FF FF FF FF FF FF FF FF FF FF FF FF
FF FF FF FF FF FF FF 00 10 43 4D 31 7A 2D 31 30 30 48 50 2F 33 33 30 30 20
FF FF FF FF FF FF FF FF FF FF FF FF FF FF 95 16

68 05 05 68 06 05 5D 00 00 68 16

68 0D 0D 68 05 06 08 04 04 00 00 00 00 00 00 00 00 1B 16

　　报文解析如下。

1) 主站读取从站诊断信息(可变数据长度帧结构,表 4.18)

表 4.18　主站读取从站诊断信息帧结构

68	05	05	68	86	85	6D	3C	3E	F2	16
SDL2	LE	LEr	SDL2	DA	SA	FC	DSAP	SSAP	FCS	ED
开始分界符	数据长度	重复数据长度	开始分界符	目标地址	源地址	功能码	目标服务存取点	源服务存取点	帧检查顺序	结束分界符

此报文为主站向从站发送,因此主站为"源",从站为"目标"。数据长度为从 DA 开始、到 FCS 之前(不包括 FCS)的数据的个数,因此,此例中 LE=LEr=5;此例中主站地址为 5,从站地址为 6,报文中所有的地址最高位会置位,因此,DA=0x86,SA=0x85;目标服务存取点 DSAP 值为 0x3C,表示为读取从站诊断信息;其中,FCS 的值为 DA+SA+FC+DSAP+SSAP 的总和(只保留字节长度,进位舍弃)。

2) 从站回复主站自身的状态信息(可变数据长度帧结构,表 4.19)

表 4.19　从站回复主站自身的状态信息帧结构

68	12	12	68	85	86	08	3E	3C	02	05	00
SDL2	LE	LEr	SDL2	DA	SA	FC	DSAP	SSAP	SS1	SS2	SS3
开始分界符	数据长度	重复数据长度	开始分界符	目标地址	源地址	功能码	目标服务存取点	源服务存取点	诊断数据1	诊断数据2	诊断数据3
FF	00	08	42	00	05	81	00	00	00	63	16
DMA	IDN1	IDN0	EDD1	EDD2	EDD3	EDD4	EDD5	EDD6	EDD7	FCS	ED
诊断数据4	诊断数据5	诊断数据6	扩展诊断数据1	扩展诊断数据2	扩展诊断数据3	扩展诊断数据4	扩展诊断数据5	扩展诊断数据6	扩展诊断数据7	帧检查顺序	结束分界符

从站的诊断报文含义参见 3.2.2 节命令含义中的读从站诊断信息,标准诊断报文为 6 个字节,此例中分别为 02 05 00 FF 00 08,此例中用户定义的扩展诊断数据长度为 7 个字节,分别为 42 00 05 81 00 00 00,具体含义见表 4.20。

表 4.20　诊断报文含义

序号	数值	含义
1	02	从站还没准备好数据传输
2	05	从站还需要主站发送参数、配置数据
3	00	无扩展诊断溢出
4	FF	主站地址,因通信初期从站还没检测到地址为 5 的主站,因此反馈的主站地址为 0xFF

续表

序号	数值	含义
5	0008	生产厂商定义的从站产品序列号(Ident-Number),为 2 个字节长度,此序列号需要生产厂商向国际 PI 组织申请
6		
7	42	标识符(模块)相关诊断,诊断数据为 1 个字节长度,包括此报文头总共为 2 个字节
8	00	标识符(模块)相关诊断无诊断数据
9	05	设备相关诊断,诊断数据为 4 个字节,包括此报文头总共为 5 个字节
10	81	设备相关诊断数据 1
11	00	设备相关诊断数据 2
12	00	设备相关诊断数据 3
13	00	设备相关诊断数据 4

3) 令牌传递(令牌帧结构,表 4.21)

表 4.21　令牌帧结构

DC	05	05
SDL4	DA	SA
开始分界符	目标地址	源地址

令牌传递主要是用户多主系统中主站控制总线权的传递,因本例中只有一个主站,因此目标地址、源地址都为主站地址 5。

4) 查找总线上未配置的从站(无数据固定长度帧结构,表 4.22)

表 4.22　查找总线上未配置的从站帧结构

10	36	05	49	84	16
SDL1	DA	SA	FC	FCS	ED
开始分界符	目标地址	源地址	功能码	帧检查顺序	结束分界符

在 Profibus-DP 系统中,主站与用户配置的从站进行数据交互,但是也会检测总线上是否有未配置的从站存在,因此,会按照从站从小到大的地址(用户配置过的从站地址除外)查找未配置的从站。

此例中即为查找地址为 0x36 的从站,若无应答,则说明地址为 0x36 的从站不存在。

5) 令牌传递(令牌帧结构,表 4.23)

表 4.23　令牌帧结构

DC	05	05
SDL4	DA	SA
开始分界符	目标地址	源地址

令牌传递主要是用户多主系统中主站控制总线权的传递,因本例中只有一个主站,因此目标地址、源地址都为主站地址 5。

6) 查找总线上未配置的从站(无数据固定长度帧结构,表 4.24)

表 4.24　查找总线上未配置的从站帧结构

10	37	05	49	85	16
SDL1	DA	SA	FC	FCS	ED
开始分界符	目标地址	源地址	功能码	帧检查顺序	结束分界符

此例中即为查找地址为 0x37 的从站,若无应答,则说明地址为 0x37 的从站不存在。

7) 主站发送参数数据(可变数据长度帧结构,表 4.25)

表 4.25　主站发送参数数据帧结构

68	0F	0F	68	86	85	5D	3D	3E	88	12
SDL2	LE	LEr	SDL2	DA	SA	FC	DSAP	SSAP	Par1	Par2
开始分界符	数据长度	重复数据长度	开始分界符	目标地址	源地址	功能码	目标服务存取点	源服务存取点	参数 1	参数 2
14	0B	00	08	00	80	00	00	24	16	
Par3	Par4	Par5	Par6	Par7	Par8	Par9	Par10	FCS	ED	
参数 3	参数 4	参数 5	参数 6	参数 7	参数 8	参数 9	参数 10	帧检查顺序	结束分界符	

主站发送参数数据给从站。参数报文含义参见 3.2.2 节命令含义中的发送从站参数数据。标准参数报文为 7 个字节,此例中分别为 88 12 14 0B 00 08 00,此例中用户定义参数数据长度为 3 个字节,分别为 80 00 00,具体含义见表 4.26。

表 4.26　参数报文含义

序号	数值	含义
1	88	从站禁止其他主站访问,并支持同步冻结模式
2	12	WD_Fact_1,从站看门狗参数 1
3	14	WD_Fact_2,从站看门狗参数 2,从站看门狗设置值 $T_{WD}=10ms*WD\_Fact\_1*WD\_Fact\_2$,此例中 $T_{WD}=3600ms$
4	0B	从站最小响应时间 T_{SDR},此例中为 $11t_{bit}$
5	0008	从站唯一标识码 Ident_Number,此例中为 0008
6		
7	00	从站组号,区别从站属于哪个组,一般多主站系统中采用。此例中从站组号为 0
8	80	DPV1_Status_1,此例中为 0x80,表示此从站支持 DPV1 功能
9	00	DPV1_Status_2,此例中为 0x00,表示此从站没使用任何报警功能
10	00	DPV1_Status_3,此例中为 0x00,表示此从站无任何报警功能

注:若用户需使用自定义参数,为避免与 DPV1 功能定义冲突,建议从第 11 个字节开始定义。

8) 从站响应(无数据固定长度帧结构,表 4.27)

表 4.27　从站响应帧结构

E5
SDL5
开始分界符

此报文为从站响应短帧,意思是告诉主站已经收到主站发出的参数报文。

9) 令牌传递(令牌帧结构,表 4.28)

表 4.28　令牌帧结构

DC	05	05
SDL4	DA	SA
开始分界符	目标地址	源地址

令牌传递主要是用户多主系统中主站控制总线权的传递,因本例中只有一个主站,因此目标地址、源地址都为主站地址 5。

10) 查找总线上未配置的从站(无数据固定长度帧结构,表 4.29)

表 4.29　查找总线上未配置的从站帧结构

10	38	05	49	86	16
SDL1	DA	SA	FC	FCS	ED
开始分界符	目标地址	源地址	功能码	帧检查顺序	结束分界符

此例中即为查找地址为 0x38 的从站,若无应答,则说明地址为 0x38 的从站不存在。

11) 令牌传递(令牌帧结构,表 4.30)

表 4.30　令牌帧结构

DC	05	05
SDL4	DA	SA
开始分界符	目标地址	源地址

令牌传递主要是用户多主系统中主站控制总线权的传递,因本例中只有一个主站,因此目标地址、源地址都为主站地址 5。

12) 查找总线上未配置的从站(无数据固定长度帧结构,表 4.31)

表 4.31　查找总线上未配置的从站帧结构

10	39	05	49	87	16
SDL1	DA	SA	FC	FCS	ED
开始分界符	目标地址	源地址	功能码	帧检查顺序	结束分界符

此例中即为查找地址为 0x39 的从站,若无应答,则说明地址为 0x39 的从站不存在。

13) 发送从站配置数据(可变数据长度帧结构,表 4.32)

表 4.32　发送从站配置数据帧结构

68	09	09	68	86	85	7D	3E
SDL2	LE	LEr	SDL2	DA	SA	FC	DSAP
开始分界符	数据长度	重复数据长度	开始分界符	目标地址	源地址	功能码	目标服务存取点
3E	13	13	11	21	5C	16	
SSAP	Cfg1	Cfg2	Cfg3	Cfg4	FCS	ED	
配置数据1	源服务存取点	配置数据2	配置数据3	配置数据4	帧检查顺序	结束分界符	

主站发送配置数据给从站。配置报文含义参见 3.2.2 节命令含义中的发送从站配置数据。此例中分别为 13 13 11 21,具体含义见表 4.33。

表 4.33　配置报文含义

序号	数值	含义
1	13	从站输入数据长度为 4 个字节
2	13	从站输入数据长度为 4 个字节
3	11	从站输入数据长度为 2 个字节
4	21	从站输出数据长度为 2 个字节

因此,通过计算,可得知从站的输入数据长度为 $4+4+2=10$ 个字节,输出数据长度为 2 个字节。

14) 从站响应(无数据固定长度帧结构,表 4.34)

表 4.34　从站响应帧结构

E5
SDL5
开始分界符

此报文为从站响应短帧,意思是告诉主站已经收到主站发出的配置报文。

15) 令牌传递(令牌帧结构,表 4.35)

表 4.35　令牌帧结构

DC	05	05
SDL4	DA	SA
开始分界符	目标地址	源地址

令牌传递主要是用户多主系统中主站控制总线权的传递,因本例中只有一个主站,因此目标地址、源地址都为主站地址 5。

16) 查找总线上未配置的从站(无数据固定长度帧结构,表 4.36)

表 4.36　查找总线上未配置的从站帧结构

10	3A	05	49	88	16
SDL1	DA	SA	FC	FCS	ED
开始分界符	目标地址	源地址	功能码	帧检查顺序	结束分界符

此例中即为查找地址为 0x3A 的从站,若无应答,则说明地址为 0x3A 的从站不存在。

17) 令牌传递(令牌帧结构,表 4.37)

表 4.37　令牌帧结构

DC	05	05
SDL4	DA	SA
开始分界符	目标地址	源地址

令牌传递主要是用户多主系统中主站控制总线权的传递,因本例中只有一个主站,因此目标地址、源地址都为主站地址 5。

18) 查找总线上未配置的从站(无数据固定长度帧结构,表 4.38)

表 4.38　查找总线上未配置的从站帧结构

10	3B	05	49	89	16
SDL1	DA	SA	FC	FCS	ED
开始分界符	目标地址	源地址	功能码	帧检查顺序	结束分界符

此例中即为查找地址为 0x3B 的从站,若无应答,则说明地址为 0x3B 的从站不存在。

19) 主站读取从站诊断信息(可变数据长度帧结构,表 4.39)

表 4.39　主站读取从站诊断信息帧结构

68	05	05	68	86	85	5D	3C	3E	E2	16
SDL2	LE	LEr	SDL2	DA	SA	FC	DSAP	SSAP	FCS	ED
开始分界符	数据长度	重复数据长度	开始分界符	目标地址	源地址	功能码	目标服务存取点	源服务存取点	帧检查顺序	结束分界符

主站读取从站诊断信息。

20) 从站回复主站自身的状态信息(可变数据长度帧结构,表 4.40)

表 4.40　从站回复主站自身的状态信息帧结构

68	12	12	68	85	86	08	3E	3C	02	0C	00
SDL2	LE	LEr	SDL2	DA	SA	FC	DSAP	SSAP	SS1	SS2	SS3
开始分界符	数据长度	重复数据长度	开始分界符	目标地址	源地址	功能码	目标服务存取点	源服务存取点	诊断数据1	诊断数据2	诊断数据3

05	00	08	42	00	05	81	00	00	00	70	16
DMA	IDN1	IDN0	EDD1	EDD2	EDD3	EDD4	EDD5	EDD6	EDD7	FCS	ED
诊断数据4	诊断数据5	诊断数据6	扩展诊断数据1	扩展诊断数据2	扩展诊断数据3	扩展诊断数据4	扩展诊断数据5	扩展诊断数据6	扩展诊断数据7	帧检查顺序	结束分界符

从站的诊断报文含义参见 3.2.2 节命令含义中的读从站诊断信息,标准诊断报文为 6 个字节,此例中分别为 02 0C 00 05 00 08,此例中用户定义的扩展诊断数据长度为 7 个字节,分别为 42 00 05 81 00 00 00,具体含义见表 4.41。

表 4.41　从站诊断报文含义

序号	数值	含义
1	02	从站还没准备好数据传输
2	0C	从站已经启动看门狗
3	00	无扩展诊断溢出
4	05	主站地址为 5,说明从站已经检测到此主站
5	0008	生产厂商定义的从站产品序列号(Ident-Number),为 2 个字节长度,此序列号需要生产厂商向国际 PI 组织申请
6		
7	42	标识符(模块)相关诊断,诊断数据为 1 个字节长度,包括此报文头总共为 2 个字节
8	00	标识符(模块)相关诊断无诊断数据
9	05	设备相关诊断,诊断数据为 4 个字节,包括此报文头总共为 5 个字节
10	81	设备相关诊断数据 1
11	00	设备相关诊断数据 2
12	00	设备相关诊断数据 3
13	00	设备相关诊断数据 4

21) 令牌传递(令牌帧结构,表 4.42)

表 4.42　令牌帧结构

DC	05	05
SDL4	DA	SA
开始分界符	目标地址	源地址

令牌传递主要是用户多主系统中主站控制总线权的传递,因本例中只有一个主站,故目标地址、源地址都为主站地址 5。

22) 查找总线上未配置的从站(无数据固定长度帧结构,表 4.43)

表 4.43　查找总线上未配置的从站帧结构

10	3C	05	49	8A	16
SDL1	DA	SA	FC	FCS	ED
开始分界符	目标地址	源地址	功能码	帧检查顺序	结束分界符

此例中即为查找地址为 0x3C 的从站,若无应答,则说明地址为 0x3C 的从站不存在。

23)令牌传递(令牌帧结构,表 4.44)

表 4.44　令牌帧结构

DC	05	05
SDL4	DA	SA
开始分界符	目标地址	源地址

令牌传递主要是用户多主系统中主站控制总线权的传递,因本例中只有一个主站,因此目标地址、源地址都为主站地址 5。

24)查找总线上未配置的从站(无数据固定长度帧结构,表 4.45)

表 4.45　查找总线上未配置的从站帧结构

10	3D	05	49	8B	16
SDL1	DA	SA	FC	FCS	ED
开始分界符	目标地址	源地址	功能码	帧检查顺序	结束分界符

此例中即为查找地址为 0x3D 的从站,若无应答,则说明地址为 0x3D 的从站不存在。

25)主站读取从站诊断信息(可变数据长度帧结构,表 4.46)

表 4.46　主站读取从站诊断信息帧结构

68	05	05	68	86	85	7D	3C	3E	02	16
SDL2	LE	LEr	SDL2	DA	SA	FC	DSAP	SSAP	FCS	ED
开始分界符	数据长度	重复数据长度	开始分界符	目标地址	源地址	功能码	目标服务存取点	源服务存取点	帧检查顺序	结束分界符

主站读取从站诊断信息。

26)从站回复主站自身的状态信息(可变数据长度帧结构,表 4.47)

表 4.47　从站回复主站自身的状态信息帧结构

68	12	12	68	85	86	08	3E	3C	00	0C	00
SDL2	LE	LEr	SDL2	DA	SA	FC	DSAP	SSAP	SS1	SS2	SS3
开始分界符	数据长度	重复数据长度	开始分界符	目标地址	源地址	功能码	目标服务存取点	源服务存取点	诊断数据 1	诊断数据 2	诊断数据 3
05	00	08	42	00	05	81	00	00	00	6E	16
DMA	IDN1	IDN0	EDD1	EDD2	EDD3	EDD4	EDD5	EDD6	EDD7	FCS	ED
诊断数据 4	诊断数据 5	诊断数据 6	扩展诊断数据 1	扩展诊断数据 2	扩展诊断数据 3	扩展诊断数据 4	扩展诊断数据 5	扩展诊断数据 6	扩展诊断数据 7	帧检查顺序	结束分界符

　　从站的诊断报文含义参见 3.2.2 节命令含义中的读从站诊断信息,标准诊断报文为 6 个字节,此例中分别为 00 0C 00 05 00 08,此例中用户定义的扩展诊断数据长度为 7 个字节,分别为 42 00 05 81 00 00 00,具体含义见表 4.48。

表 4.48　从站诊断报文含义

序号	数值	含义
1	00	从站准备好数据传输,主站可以开始周期性数据交互
2	0C	从站已经启动看门狗
3	00	无扩展诊断溢出
4	05	主站地址为 5,说明从站已经检测到此主站
5	0008	生产厂商定义的从站产品序列号(Ident-Number),为 2 个
6		字节长度,此序列号需要生产厂商向国际 PI 组织申请
7	42	标识符(模块)相关诊断,诊断数据为 1 个字节长度, 包括此报文头总共 2 个字节
8	00	标识符(模块)相关诊断无诊断数据
9	05	设备相关诊断,诊断数据为 4 个字节, 包括此报文头总共为 5 个字节
10	81	设备相关诊断数据 1
11	00	设备相关诊断数据 2
12	00	设备相关诊断数据 3
13	00	设备相关诊断数据 4

　　27) 令牌传递(令牌帧结构,表 4.49)

表 4.49　令牌帧结构

DC	05	05
SDL4	DA	SA
开始分界符	目标地址	源地址

　　令牌传递主要是用户多主系统中主站控制总线权的传递,因本例中只有一个主站,因此目标地址、源地址都为主站地址 5。

　　28) 查找总线上未配置的从站(无数据固定长度帧结构,表 4.50)

表 4.50　查找总线上未配置的从站帧结构

10	3E	05	49	8C	16
SDL1	DA	SA	FC	FCS	ED
开始分界符	目标地址	源地址	功能码	帧检查顺序	结束分界符

此例中即为查找地址为 0x3E 的从站,若无应答,则说明地址为 0x3E 的从站不存在。

29) 令牌传递(令牌帧结构,表 4.51)

表 4.51　令牌帧结构

DC	05	05
SDL4	DA	SA
开始分界符	目标地址	源地址

令牌传递主要是用户多主系统中主站控制总线权的传递,因本例中只有一个主站,因此目标地址、源地址都为主站地址 5。

30) 查找总线上未配置的从站(无数据固定长度帧结构,表 4.52)

表 4.52　查找总线上未配置的从站帧结构

10	3F	05	49	8D	16
SDL1	DA	SA	FC	FCS	ED
开始分界符	目标地址	源地址	功能码	帧检查顺序	结束分界符

此例中即为查找地址为 0x3F 的从站,若无应答,则说明地址为 0x3F 的从站不存在。

31) 写输出数据(可变数据长度帧结构,表 4.53)

表 4.53　写输出数据帧结构

68	05	05	68	06	05	5D	00	00	68	16
SDL2	LE	LEr	SDL2	DA	SA	FC	DATA1	DATA2	FCS	ED
开始分界符	数据长度	重复数据长度	开始分界符	目标地址	源地址	功能码	输出数据1	输出数据2	帧检查顺序	结束分界符

主站发送数据给从站,此例中输出数据长度为 2 个字节,其中 DATA1=00,DATA2=00;此例中主站地址为 5,从站地址为 6,数据交互报文中所有的地址最高位不置位,因此,DA=0x06,SA=0x05。

32) 读输入数据(可变数据长度帧结构,表 4.54)

表 4.54　读输入数据帧结构

68	0D	0D	68	05	06	08	04	04	00
SDL2	LE	LEr	SDL2	DA	SA	FC	DATA1	DATA2	DATA3
开始分界符	数据长度	重复数据长度	开始分界符	目标地址	源地址	功能码	输入数据1	输入数据2	输入数据3
00	00	00	00	00	00	00	1B	16	
DATA4	DATA5	DATA6	DATA7	DATA8	DATA9	DATA10	FCS	ED	
输入数据4	输入数据5	输入数据6	输入数据7	输入数据8	输入数据9	输入数据10	帧检查顺序	结束分界符	

　　主站读取从站输入数据,此例中输入数据长度为 10 个字节,其中 DATA1＝04,DATA2＝04,DATA3～DATA10 全为 00;此例中主站地址为 5,从站地址为6,数据交互报文中所有的地址最高位不置位,因此,DA＝0x05,SA＝0x06。

　　33) 令牌传递(令牌帧结构,表 4.55)

表 4.55　令牌帧结构

DC	05	05
SDL4	DA	SA
开始分界符	目标地址	源地址

　　令牌传递主要是用户多主系统中主站控制总线权的传递,因本例中只有一个主站,因此目标地址、源地址都为主站地址 5。

　　34) 查找总线上未配置的从站(无数据固定长度帧结构,表 4.56)

表 4.56　查找总线上未配置的从站帧结构

10	40	05	49	8E	16
SDL1	DA	SA	FC	FCS	ED
开始分界符	目标地址	源地址	功能码	帧检查顺序	结束分界符

　　此例中即为查找地址为 0x40 的从站,若无应答,则说明地址为 0x40 的从站不存在。

　　35) 令牌传递(令牌帧结构,表 4.57)

表 4.57　令牌帧结构

DC	05	05
SDL4	DA	SA
开始分界符	目标地址	源地址

令牌传递主要是用户多主系统中主站控制总线权的传递,因本例中只有一个主站,因此目标地址、源地址都为主站地址 5。

36) 查找总线上未配置的从站(无数据固定长度帧结构,表 4.58)

表 4.58　查找总线上未配置的从站帧结构

10	41	05	49	8F	16
SDL1	DA	SA	FC	FCS	ED
开始分界符	目标地址	源地址	功能码	帧检查顺序	结束分界符

此例中即为查找地址为 0x41 的从站,若无应答,则说明地址为 0x41 的从站不存在。

37) 写输出数据(可变数据长度帧结构,表 4.59)

表 4.59　写输出数据帧结构

68	05	05	68	06	05	7D	00	00	88	16
SDL2	LE	LEr	SDL2	DA	SA	FC	DATA1	DATA2	FCS	ED
开始分界符	数据长度	重复数据长度	开始分界符	目标地址	源地址	功能码	输出数据1	输出数据2	帧检查顺序	结束分界符

主站发送数据给从站,此例中输出数据长度为 2 个字节,其中 DATA1=00,DATA2=00;此例中主站地址为 5,从站地址为 6,数据交互报文中所有的地址最高位不置位,因此,DA=0x06,SA=0x05。

38) 读输入数据(可变数据长度帧结构,表 4.60)

表 4.60　读输入数据帧结构

68	0D	0D	68	05	06	08	04	04	00
SDL2	LE	LEr	SDL2	DA	SA	FC	DATA1	DATA2	DATA3
开始分界符	数据长度	重复数据长度	开始分界符	目标地址	源地址	功能码	输入数据1	输入数据2	输入数据3
00	00	00	00	00	00	00	1B	16	
DATA4	DATA5	DATA6	DATA7	DATA8	DATA9	DATA10	FCS	ED	
输入数据4	输入数据5	输入数据6	输入数据7	输入数据8	输入数据9	输入数据10	帧检查顺序	结束分界符	

主站读取从站输入数据,此例中输入数据长度为 10 个字节,其中 DATA1=04,DATA2=04,DATA3~DATA10 全为 00;此例中主站地址为 5,从站地址为 6,数据交互报文中所有的地址最高位不置位,因此,DA=0x05,SA=0x06。

39) 令牌传递(令牌帧结构,表 4.61)

表 4.61　令牌帧结构

DC	05	05
SDL4	DA	SA
开始分界符	目标地址	源地址

令牌传递主要是用户多主系统中主站控制总线权的传递,因本例中只有一个主站,因此目标地址、源地址都为主站地址 5。

40) 查找总线上未配置的从站(无数据固定长度帧结构,表 4.62)

表 4.62　查找总线上未配置的从站帧结构

10	42	05	49	90	16
SDL1	DA	SA	FC	FCS	ED
开始分界符	目标地址	源地址	功能码	帧检查顺序	结束分界符

此例中即为查找地址为 0x42 的从站,若无应答,则说明地址为 0x42 的从站不存在。

41) 非周期读数据命令(可变数据长度帧结构,表 4.63)

表 4.63　非周期读数据命令帧结构

68	09	09	68	86	85	7C	33
SDL2	LE	LEr	SDL2	DA	SA	FC	DSAP
开始分界符	数据长度	重复数据长度	开始分界符	目标地址	源地址	功能码	目标服务存取点
33	5E	00	52	CC	8D	16	
SSAP	FN	SN	Index	RLen	FCS	ED	
源服务存取点	功能号(读)	槽号	索引号	请求数据长度	帧检查顺序	结束分界符	

注:FN(function number)为功能号,此例中为 0x5E,表示非周期读命令;SN(slot number)为槽号,此例中为 0x00;Index 为索引号,此例中为 0x52;RLen 为请求数据长度,此例中为 0xCC=204,即表示主站向从站读取槽号为 0、索引号为 0x52、字节长度为 0xCC 的数据。

42) 从站响应(无数据固定长度帧结构,表 4.64)

表 4.64　从站响应帧结构

E5
SDL5
开始分界符

此报文为从站响应短帧,意思是告诉主站已经收到主站发出的非周期读数据命令,但是从站还没准备好数据,先以短帧回复。

43)写输出数据(可变数据长度帧结构,表 4.65)

表 4.65　写输出数据帧结构

68	05	05	68	06	05	7D	00	00	88	16
SDL2	LE	LEr	SDL2	DA	SA	FC	DATA1	DATA2	FCS	ED
开始分界符	数据长度	重复数据长度	开始分界符	目标地址	源地址	功能码	输出数据1	输出数据2	帧检查顺序	结束分界符

主站发送数据给从站,此例中输出数据长度为 2 个字节,其中 DATA1＝00,DATA2＝00;此例中主站地址为 5,从站地址为 6,数据交互报文中所有的地址最高位不置位,因此,DA＝0x06,SA＝0x05。

44)读输入数据(可变数据长度帧结构,表 4.66)

表 4.66　读输入数据帧结构

68	0D	0D	68	05	06	08	04	04	00
SDL2	LE	LEr	SDL2	DA	SA	FC	DATA1	DATA2	DATA3
开始分界符	数据长度	重复数据长度	开始分界符	目标地址	源地址	功能码	输入数据1	输入数据2	输入数据3
00	00	00	00	00	00	00	1B	16	
DATA4	DATA5	DATA6	DATA7	DATA8	DATA9	DATA10	FCS	ED	
输入数据4	输入数据5	输入数据6	输入数据7	输入数据8	输入数据9	输入数据10	帧检查顺序	结束分界符	

主站读取从站输入数据,此例中输入数据长度为 10 个字节,其中 DATA1＝04,DATA2＝04,DATA3～DATA10 全为 00;此例中主站地址为 5,从站地址为 6,数据交互报文中所有的地址最高位不置位,因此,DA＝0x05,SA＝0x06。

45)令牌传递(令牌帧结构,表 4.67)

表 4.67　令牌帧结构

DC	05	05
SDL4	DA	SA
开始分界符	目标地址	源地址

令牌传递主要是用户多主系统中主站控制总线权的传递,因本例中只有一个主站,故目标地址、源地址都为主站地址 5。

46) 查找总线上未配置的从站(无数据固定长度帧结构,表 4.68)

表 4.68　查找总线上未配置的从站帧结构

10	43	05	49	91	16
SDL1	DA	SA	FC	FCS	ED
开始分界符	目标地址	源地址	功能码	帧检查顺序	结束分界符

此例中即为查找地址为 0x43 的从站,若无应答,则说明地址为 0x43 的从站不存在。

47) 非周期读数据命令(可变数据长度帧结构,表 4.69)

表 4.69　非周期读数据命令帧结构

68	05	05	68	86	85	7C	33	33	ED	16
SDL2	LE	LEr	SDL2	DA	SA	FC	DSAP	SSAP	FCS	ED
开始分界符	数据长度	重复数据长度	开始分界符	目标地址	源地址	功能码	目标服务存取点	源服务存取点	帧检查顺序	结束分界符

主站上次发送非周期读命令,从站回答了短帧 E5,并没有回复数据,因此,主站再次发起此命令,向从站读取数据。

48) 从站响应非周期读命令(可变数据长度帧结构,表 4.70)

表 4.70　从站响应非周期读命令帧结构

68	D5	D5	68	85	86	08	33	33	5E	00
SDL2	LE	LEr	SDL2	DA	SA	FC	DSAP	SSAP	FN	SN
开始分界符	数据长度	重复数据长度	开始分界符	目标地址	源地址	功能码	目标服务存取点	源服务存取点	功能号(读)	槽号
52	CC	FF	FF	00	00	00	…		FF	95	16
Index	RLen	DATA1	DATA1	DATA3	DATA4	DATA5	…		FCS	ED
索引号	请求数据长度	数据 1	数据 2	数据 3	数据 4	数据 5	…	数据 204	帧检查顺序	结束分界符

从站响应主站,根据槽号和索引号回复主站想要读取的 204 个字节的数据。

49) 写输出数据(可变数据长度帧结构,表 4.71)

表 4.71　写输出数据帧结构

68	05	05	68	06	05	7D	00	00	88	16
SDL2	LE	LEr	SDL2	DA	SA	FC	DATA1	DATA2	FCS	ED
开始分界符	数据长度	重复数据长度	开始分界符	目标地址	源地址	功能码	输出数据 1	输出数据 2	帧检查顺序	结束分界符

　　主站发送数据给从站,此例中输出数据长度为 2 个字节,其中 DATA1＝00, DATA2＝00;此例中主站地址为 5,从站地址为 6,数据交互报文中所有的地址最高位不置位,因此,DA＝0x06,SA＝0x05。

　　50) 读输入数据(可变数据长度帧结构,表 4.72)

表 4.72　读输入数据帧结构

68	0D	0D	68	05	06	08	04	04	00
SDL2	LE	LEr	SDL2	DA	SA	FC	DATA1	DATA2	DATA3
开始分界符	数据长度	重复数据长度	开始分界符	目标地址	源地址	功能码	输入数据 1	输入数据 2	输入数据 3
00	00	00	00	00	00	00	1B	16	
DATA4	DATA5	DATA6	DATA7	DATA8	DATA9	DATA10	FCS	ED	
输入数据 4	输入数据 5	输入数据 6	输入数据 7	输入数据 8	输入数据 9	输入数据 10	帧检查顺序	结束分界符	

　　主站读取从站输入数据,此例中输入数据长度为 10 个字节,其中 DATA1＝04,DATA2＝04,DATA3～DATA10 全为 00;此例中主站地址为 5,从站地址为 6,数据交互报文中所有的地址最高位不置位,因此,DA＝0x05,SA＝0x06。

4.3.5　GSD 文件

　　Profibus-DP 从站产品最基本的前提是能与主站进行正确的数据交换,因此,首先必须给产品编写 GSD(电子设备数据库)文件。生产厂家以 GSD 文件方式表示这些产品的功能参数(如 I/O 点数、诊断信息、波特率、支持哪些功能等)。根据 GSD 文件,组态工具可将不同厂商生产的设备集成到 Profibus-DP 总线系统中。GSD 文件是一个可读的 ASCII 文件,可使用 Profibus 用户组织提供的编辑工具 GSDEdit 软件进行编辑,GSD 文件由若干行组成,每行都用一个关键字开头,包括关键字及参数(无符号数或字符串)。GSD 文件可分为以下三个部分:

　　(1) 通用规范。此部分包含了制造商信息、设备名称、硬件和软件版本、波特率、监视时间间隔以及在总线连接器上信号分配等。

　　(2) 与主站有关的规范。此部分包含所有与主站有关的参数,如最大可连接从站个数、上载/下载选项。若是从站产品,可忽略此部分。

　　(3) 与从站有关的规范。此部分包含从站专用的信息,如输入/输出通道个数和类型、诊断文本的规定,以及在模块化设备中有关可用模块的信息等。

　　GSD 文件举例及其含义如下:

```
#Profibus_DP;Profibus-DP 的 GSD 文件
;Unit-Definition-List:;以分号开始,表明此行无效,只是描述性说明
```

GSD_Revision=3;此 GSD 文件的版本为 3

Vendor_Name="XXXXX";设备制造商

Model_Name="XXXXXX";设备名称

Revision="Rev. 1";设备版本号

Ident_Number=0x000e;设备标识符

Protocol_Ident=0;协议类型 0=DP

Station_Type=0;站类型 0=从站

FMS_supp=0;不支持 FMS

Hardware_Release="Axxx";设备硬件版本

Software_Release="Zxxx";设备软件版本

9.6_supp=1;支持 9.6kbit/s 波特率

19.2_supp=1;支持 19.2kbit/s 波特率

93.75_supp=1;支持 93.75kbit/s 波特率

187.5_supp=1;支持 187.5kbit/s 波特率

500_supp=1;支持 500kbit/s 波特率

1.5M_supp=1;支持 1.5Mbit/s 波特率

3M_supp=1;支持 3Mbit/s 波特率

6M_supp=1;支持 6Mbit/s 波特率

12M_supp=1;支持 12Mbit/s 波特率

MaxTsdr_9.6=60;9.6kbit/s 时最大延迟时间为 60 位时间

MaxTsdr_19.2=60;19.2kbit/s 时最大延迟时间为 60 位时间

MaxTsdr_93.75=60;93.75kbit/s 时最大延迟时间为 60 位时间

MaxTsdr_187.5=60;187.5kbit/s 时最大延迟时间为 60 位时间

MaxTsdr_500=100;500kbit/s 时最大延迟时间为 100 位时间

MaxTsdr_1.5M=150;1.5Mbit/s 时最大延迟时间为 150 位时间

MaxTsdr_3M=250;3Mbit/s 时最大延迟时间为 250 位时间

MaxTsdr_6M=450;6Mbit/s 时最大延迟时间为 450 位时间

MaxTsdr_12M=800;12Mbit/s 时最大延迟时间为 800 位时间

Redundancy=0;不支持冗余

Repeater_Ctrl_Sig=2;总线连接器信号 TTL

24VPins=0;不提供 24V 电压

Implementation_Type="SPC3";采用标准 SPC3 芯片

Bitmap_Device="DP_NORM";一般情况下,代表设备特征的位图文件名

Bitmap_Diag=" DP_NORM1";诊断情况下,代表设备特征的位图文件名

Bitmap_SF=" DP_NORM2 ";特殊运行情况下,代表设备特征的位图文件名

;Slave-Specification:;以分号开始,表明此行无效,只是描述性说明

OrderNumber="XXXXX";设备的订货号

Freeze_Mode_supp=1;支持冻结模式

Sync_Mode_supp=1;支持同步模式

Auto_Baud_supp=1;支持波特率自适应

Set_Slave_Add_supp=0;不支持通过设置从站地址命令

User_Prm_Data_Len=3;用户参数数据长度为 3 个字节

User_Prm_Data=0x80,0x00,0x00;默认用户参数数据都为 0x80,0x00,0x00

Min_Slave_Intervall=2;两个设备列表周期最小的时间间隔

Modular_Station=1;设备为模块化设备

Max_Module=2;设备支持的最大模块数为 200μs

Max_Input_Len=32;设备最大输入数据长度为 32 个字节

Max_Output_Len=32;设备最大输出数据长度为 32 个字节

Max_Data_Len=64;设备最大数据长度为 64 个字节

Max_Diag_Data_Len=16;最大从站诊断数据长度为 16 个字节

Slave_Family=0@ Profbus-DP Adapter;设备类型为通用型

Fail_Safe=0;不支持故障安全模式

;Slave-Specification:;以分号开始,表明此行无效,只是描述性说明

DPV1_Slave=1;设备支持 DPV1 功能

C1_Read_Write_supp=1;支持一类主站的非周期读写功能

C2_Read_Write_supp=0;不支持二类主站的非周期读写功能

C1_Max_Data_Len=240;一类主站通信的最大数据长度为 240 个字节

C2_Max_Data_Len=0;二类主站通信的最大数据长度为 0 个字节

C1_Response_Timeout=50;设备响应一类主站的超时时间为 500ms

C2_Response_Timeout=0;设备响应二类主站的超时时间为 0ms

C1_Read_Write_required=0;设备不要求一类主站的读写服务能被访问

C2_Read_Write_required=0;设备不要求二类主站的读写服务能被访问

C2_Max_Count_Channels=0;二类主站访问通道最大个数为 0

Max_Initiate_PDU_Length=0;一个初始化 PDU 请求的最大长度为 0

Diagnostic_Alarm_supp=0;不支持诊断报警功能

Process_Alarm_supp=0;不支持过程报警功能

Pull_Plug_Alarm_supp=0;不支持拉拔插头报警

Status_Alarm_supp=0;不支持状态报警

Update_Alarm_supp=0;不支持更新报警

Manufacturer_Specific_Alarm_supp=0;不支持设备制造商特定报警

Extra_Alarm_SAP_supp=0;不支持额外的 SAP 访问报警

Alarm_Sequence_Mode_Count=0;不支持顺序模式的报警

Alarm_Type_Mode_supp=0;不支持类型模式的报警

Diagnostic_Alarm_required=0;设备不要求诊断报警能被访问

Process_Alarm_required=0;设备不要求过程报警能被访问

Pull_Plug_Alarm_required=0;设备不要求拉拔插头报警能被访问

```
Status_Alarm_required=0;设备不要求状态报警能被访问
Update_Alarm_required=0;设备不要求更新报警能被访问
Manufacturer_Specific_Alarm_required=0;设备不要求设备制造商特定报警能被
    访问
DPV1_Data_Types=0;设备不支持设备制造商特定数据类型
WD_Base_1ms_supp=0;设备不支持看门狗 1ms 时间基准
Check_Cfg_Mode=0;不支持用户特定模式检查配置数据
;Module-Definitions;;以分号开始,表明此行无效,只是描述性说明
Module=" 10 Byte In, 2 Byte Out" 0x13,0x13,0x11,0x21;模块 10 个字节输入, 2 个
    字节输出
1;模块 1
EndModule;模块 1 定义结束
Module=" 18 Byte In, 2 Byte Out" 0x58,0x21;模块 18 个字节输入,2 个字节输出
2;模块 2
EndModule;模块 2 定义结束
Module="8 Byte In, 1 Byte Out" 0x17,0x20;模块 8 个字节输入,1 个字节输出
3;模块 3
EndModule;模块 3 定义结束
```

4.3.6　组网配置

本例构建了一个 Profibus-DP 系统,主站采用西门子 S7 300 的 CPU,从站为西门子的 ET200M 并带 AI 和 DI 模块,另加一个西门子的 MMX420 变频器带 Profibus-DP 接口板组成。本例的目的是通过 Profibus-DP 系统的组网,实现远程控制变频器启动、停止及频率给定的操作,并实现变频器参数的访问。

1. 软件需求

本书所采用的软件系统为 STEP 7 V5.1 incl. Service Pack 4 ＋ NCM S7,并附有授权钥匙盘。安装 S7 Manager 对于熟悉 Windows OS 的用户来说,是一件极其简单的事,但光盘中提供了多个语系的版本安装,默认情况下选择了所有的版本,一般建议只安装英文版本。在安装结束的时候,会提示使用授权盘,如果有授权盘,则可以立即输入授权,否则可跳过以后再进行授权。

2. 硬件平台

本书所采用的系统所需要的硬件列表如下:
(1) POWER [PS307 2A],2 块,一块供给 CPU,一块供给 ET200M 模块;
(2) SIMATIC S7-300 CPU 315-2DP 主 CPU;

（3）SIMATIC ET200M［IM153-1］从模块接口；

（4）SM321 DI 16XDC24V 16 路数字量输入模块，通过 ET200M 与网络交换数据；

（5）SM331 AI 2X12BIT 2 路模拟量输入模块，通过 ET200M 与网络交换数据；

（6）SIMATIC S7 PC Adapter V5.1 ＋ cable；

（7）MICROMASTER Profibus Optional Board MMX420 变频器 Profibus 通信模块；

（8）MICROMASTER 420 AC DRIVES MMX420 变频器。

3. 网络的硬件连接

利用上面提到的设备，使用标准的总线连接器和标准的屏蔽双绞线电缆，将所有的设备相连接。S7-300 的 PLC 作为整个系统的中央控制器（主站），PC Adapter 连接 PC 与 PLC，实现网络配置和对 PLC 编程的下载以及对设备的监控功能，如图 4.31 所示。

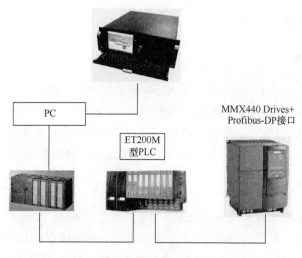

图 4.31　设备连接图

PS307 2A 的电源模块，供给 S7-300 所需要的 24V DC 电源，另一个 PS307 2A 电源模块供给 ET200M 及所连接的 DI 和 AI 设备所需的 24V DC 电源。SM321 数字输入（DI）模块及 SM331 模拟量输入（AI）模块的数据都通过 ET200M 模块与总线交换数据。另外，就是 MMX420 Drives，MMX 系列变频器有 Profibus-DP 通信接口选件，可以通过此接口模块实现变频器设备与 Profibus-DP 的数据交换。

当这些设备都正常连接起来后,检查总线前后两端的终端电阻是否设置正确,确保无误后,可以加电。一般在这时候加电,PLC 及 ET200M 上的 SF 及 BUSF 的 LED 都会亮红灯,表示有错误。接下去应该对网络进行正确的配置,以让网络可以进行工作。

4. 网络组态

做好前面的准备工作后,即可以转到配置计算机(PC)上,来完成对网络的组态动作。在此之前,确保 PC Adapter 已与 PC 和 PLC 相连。

启动 S7 Manager。如果是正常安装,则在桌面上会出现"S7 Manager"的图标,双击可以启动它。正常启动后如图 4.32 所示。

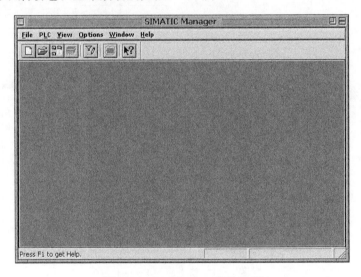

图 4.32　S7 Manager 启动界面

新建一个 Project。执行 File→New 或按 Ctrl+N 键可以开始新建一个 Project。系统会弹出一个对话框,在 Name 栏位输入 Project 的名称,在 Name 框里输入"PN-01",在下方选择好存放的路径,单击 OK 按钮以确定。如图 4.33 和图 4.34 所示。

系统会生成一个新的 Project,但它什么也做不了,需要在其中加入一些东西。

执行 Insert→Station→SIMATIC 300 Station 命令以加入一个 S7 300 系列的主站系统。其默认的名称为"SIMATIC 300(1)",一般情况下没有必要修改这个名称,除非真的有必要,双击这个图标,可以看到右边的列表里出现"Hardware",利用它可以对网络上的设备进行 Configure,如图 4.35 所示。

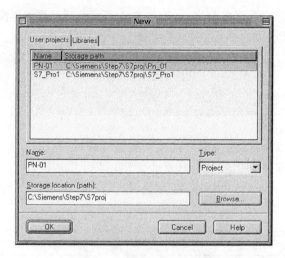

图 4.33 新建一个 Project

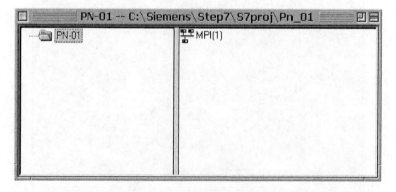

图 4.34 新生成的 Project

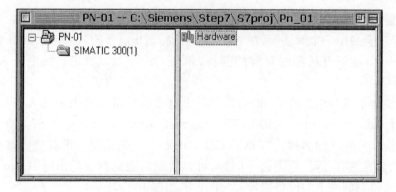

图 4.35 出现 Hardware

　　双击"Hardware"以打开硬件配置窗口,如图 4.36 所示。右边的列表列出了已经正确载入 GSD 的设备,如果无法在此列表中找到想加入的设备,则可能需要导入该设备的 GSD 文件,以让系统可以正确地识别想加入的新设备。在这里,需要为 MMX420 的通信模块导入其 GSD 文件,可以在所附的光盘里找到其图标文件(asi80b5n. bmp)及 GSD 文件(siem80b5. gsd)。

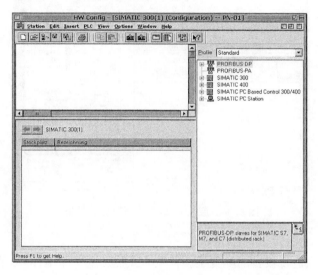

图 4.36　硬件配置窗口

　　执行 Option→Install New GSD 命令,在打开的对话框中选择 GSD 文件所在的路径,打开即可载入此 GSD 文件,如图 4.37 所示。

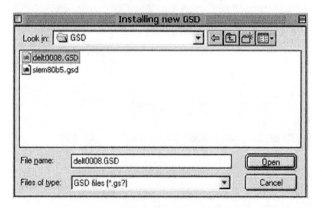

图 4.37　载入 GSD 文件

　　当 GSD 文件正确载入后,可以到右边列表中 Additional Field Devices 下面找到,而更详细的路径是在 GSD 文件里进行指定的,如此例中 GSD 文件里指定的路

径为：Slave_Family= 1@TdF@SIMOVERT，则可以将所载入的 GSD 文件对应
的设备放到图 4.38 所示的路径下面。

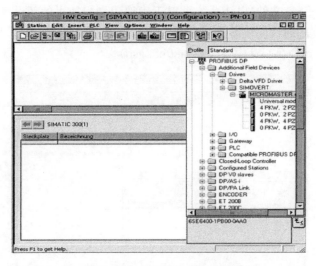

图 4.38　载入 GSD 文件所对应的设备

　　接下来可以进行设备的配置了。首先为系统加入一个 RACK，在右边的列表
中，执行 SIMATIC 300→RACK-300→Rail 命令（一般只要设备上标有 SIMATIC
300 字样，都可以在此目录下找到设备），双击，即可以在左边上方加入一个可使用
的 RACK，如图 4.39 所示。

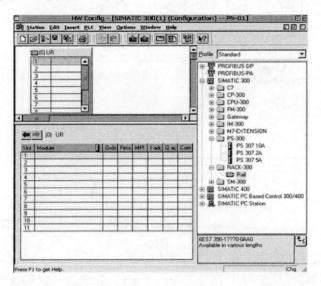

图 4.39　加入 RACK

选中 RACK 上的第一个 slot，接着用同样的方法，为 CPU 先加入电源模块，此例中为 PS 307 2A 的电源模块，双击加入，如图 4.40 所示。

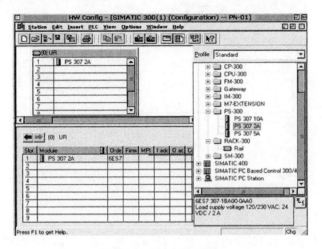

图 4.40　添加电源模块

选中 RACK 上的第 2 个 slot，在右边列表里执行 SIMATIC 300→CPU-300→CPU 315-2 DP 命令，打开后，要选择相应的订货号及版本，此信息可以在 CPU 设备的面板上找到。双击以加入 CPU 到 RACK 上面，如图 4.41 所示。

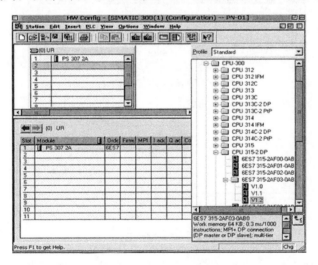

图 4.41　添加 CPU 模块

当试图加入 CPU 时，由于 S7 300 自身带有 Profibus 主站功能，会提示如何来处理此网络接口，默认的情况下并没有建立网络，此时需要新建立一个网络，如图 4.42 所示。

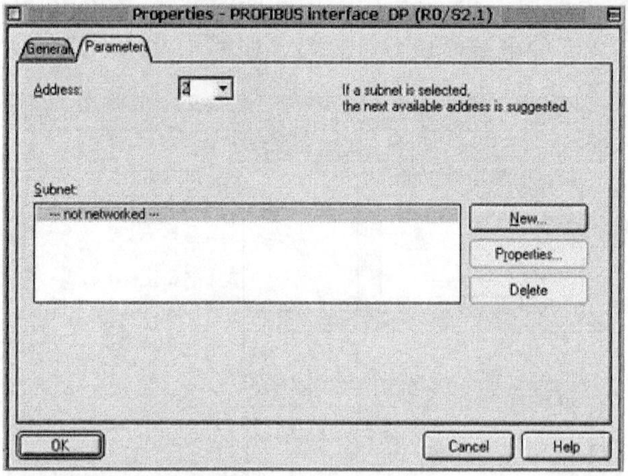

图 4.42　新建网络

在图 4.42 中单击 New 按钮,即可看到新建 subnet profibus 的对话框,选中 General 选单可以看到关于网络的基本信息,选中 Network Setting 可以看到有关网络的一些设置,如 baud rate 及 profile,不使用默认的 1.5Mbit/s,而改其为 9.6kbit/s,以方便以后的实验使用,如图 4.43 所示。

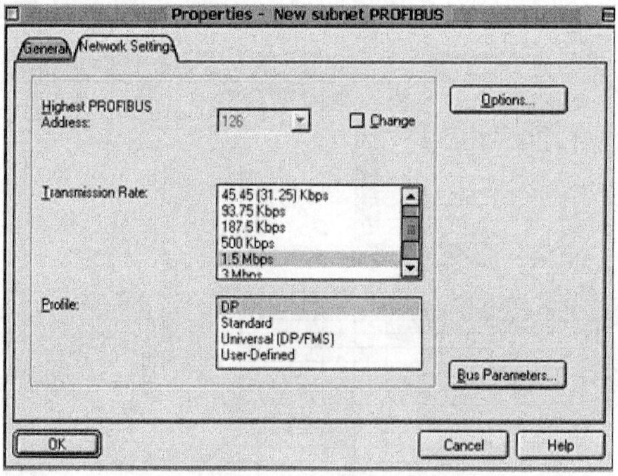

图 4.43　网络设置

单击 OK 按钮后,一个新的 Profibus subnet 就被建立起来,如图 4.44 所示。这时可以看到,RACK 上面多了一个 CPU 315-2DP 的设备及一个 DP 接口,外面还有一条空的网络线,这就是 Profibus 连接从站设备的接口。接下来的设备会将其挂接到此总线上。

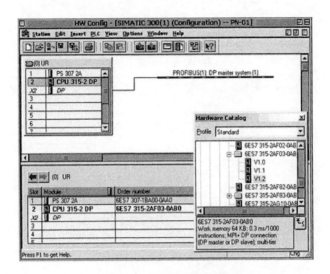

图 4.44　Profibus 子网络

单击 DP 伸出来的总线以选中，总线变成完全的黑线。

在硬件列表里执行 ET200M→IM 153-1 命令（选择相同的订货号），如图 4.45所示，然后双击。

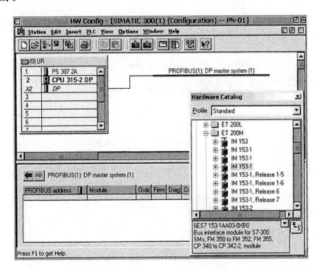

图 4.45　添加 ET200M 模块

系统弹出信息框，需要对 ET200M 进行必要的设定，目前只存在一个 subnet，但需要指定其在此 subnet 里的 address，本书指定为 3，如图 4.46 所示。请注意，此地址应与设备本身上使用 switch 设定的地址相同，否则会出错（BUSF）。单击OK 按钮以加入 ET200M。

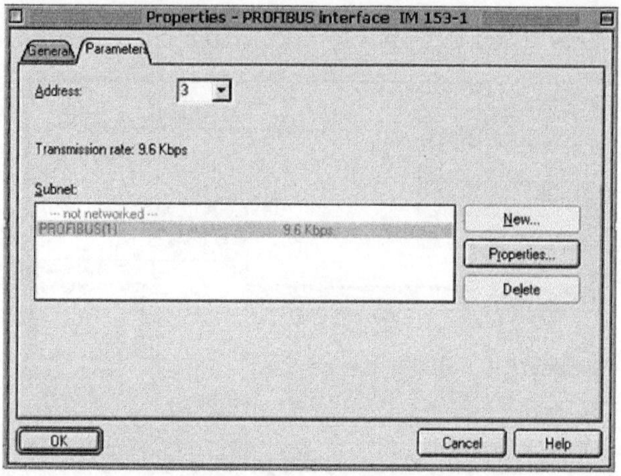

图 4.46　设置 ET200M

ET200M 只是一个通信模块,真正的设备是所带的 DI 与 AI,故要在 ET200M 的 slot 中加入这两个设备。在硬件列表的目录下,执行 ET200M→IM153-1(相应的订货号)→DI300→SM321 DI 16XDC24V 命令。找寻与设备本身相同的订货号,双击以加入到 ET200M 的 slot 中。用同样的方法加入 ET200M→IM153-1→AI300→SM331 AI 2X12BIT,如图 4.47 所示。注意,在加入设备之前,先选中相应的 slot 以映像正确的地址。

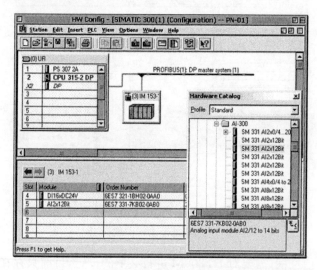

图 4.47　在 ET200M 模块中添加 DI 与 AI 设备

此时选中 IM 153-1(ET200M)的图标,则在下方可以看到 ET200M 上的 DI 与 AI 所映像的地址,如 DI 映像地址 0…1(I Address,无 Q Address),表示 Byte 0-

1(16bit)为 16 路 DI 的映像地址,在 PLC 编程里面依靠此地址访问设备。同样,
AI 的映像地址为 256…259(32bit,I Address,无 Q Address),一路模拟量为 16bit,
两路模拟量输入信号映像两个 words 的地址空间以供 CPU 访问使用,如图 4.48
所示。

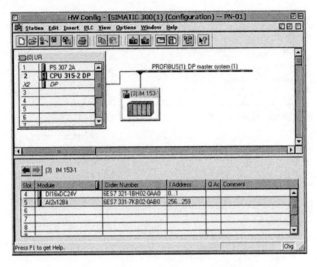

图 4.48 ET200M 上的 DI 与 AI 所映像的地址

ET200M 设备的配置到此完成。接下来进行 MMX420 Drives 的配置。在硬件列
表里执行 Additional Field Devices→Drives→SIMOVERT→MICROMASTER 4 命令,
可以找到先前为 MMX Drives 设备导入的 GSD 文件所描述的信息,双击此项,如
图 4.49 所示。

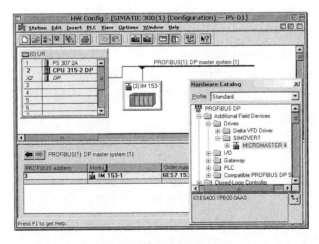

图 4.49 配置 MMX420 Drives

同样设定 MMX Drives 通信模块的一些网络参数。设定其地址为 16(此地址与实际设备所设定的地址要相同,否则会出现错误 BUSF),如图 4.50 所示。单击 OK 按钮以加入。

在进行此操作前请选点选总线使其选中(变成完全的黑色),否则无法加入。

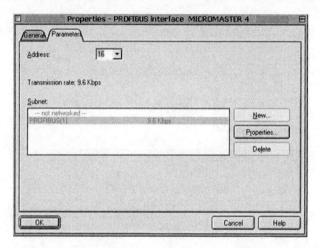

图 4.50　选中总线

MMX 通信模块支持四种通信格式,如图 4.51 所示,PPO1 和 PPO3 是符合 Profidrive 的格式,后两种是厂商自定义格式。为了实验方便,本书使用第一种: PPO1。PPO1 包括 4 个字的 PKW 数据和 2 个字的 PZD 数据,用以实现变频器的控制、调速、监控及参数访问,如果确定不需要访问变频器的参数,则可以选择 PPO3。

PKW 用来实现对从站设备的参数访问,而 PZD 部分用来实现对从站设备的控制,即周期的数据交换。

Profidrive 是 Profibus 在速度驱动器行业里的规定(行规)。各个知名的驱动技术制造商都参加了 Profidrive 的制定,此行规指出驱动器如何参数化以及设定点和实际值如何被传输,这就使不同制造商的驱动器能互换。Profidrive 包括必要的速度和位置控制规范。

Profidrive 预设了五种(PPO1~PPO5)数据通信格式:

$$PPO1:4\ PKW + 2\ PZD$$
$$PPO2:4\ PKW + 6\ PZD$$
$$PPO3:0\ PKW + 2\ PZD$$
$$PPO4:0\ PKW + 6\ PZD$$
$$PPO5:4\ PKW + 10\ PZD$$

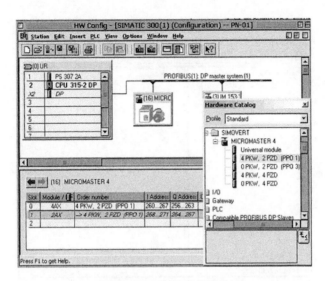

图 4.51　MMX 通信模块

此例中所使用的 MMX 420 通信模块支持 Profidrive 所支持的 PPO1 和 PPO3,除此之外,它还支持由制造商自己定义的另外两种通信格式,即 4 PKW + 4 PZD 和 0 PKW + 4 PZD,以满足不同用户在不同条件下的需求。

正确加入的 MMX420,其在网络上映像的地址为 I Address 260 … 267 (PKW),268…271(PZD),Q Address 256…263(PKW),264…267(PZD),PLC 通过访问这些地址来实现对变频器的控制及参数访问。

至此,硬件的配置已经完成,接下来要将此配置信息下载到 PLC 的主站模块中,让主站模块管理网络上的各从站。

在此之前,要先配置好 PC Adapter,如图 4.52 所示。在 SIMATIC Manager 的主窗口中,执行 Option→Set PG/PC Interface 命令。

系统弹出此对话框窗口(图 4.53),本书使用的 PC Adapter 可以接 MPI 接口,也可以接 DP 接口,但此例中使用 MPI 接口与 PC 相连接,选中列表里面的 PC Adapter(MPI),双击或单击右边的属性按钮。

这时可以看到 MPI 属性对话框,选中"MPI"选单可以看到有关 MPI 的一些传送设置,这里使用默认值。

选中 Local Connection 选单(图 4.54),可以设置 MPI 与 PC 连接的属性,设定 COM Port 为 1,查看 PC Adapter 上的 Baud Rate Switch,有两种可选择:19.2kbit/s 和 38.4kbit/s。确定后在列表里选择相应的传送速率设定,然后单击 OK 按钮以确定。

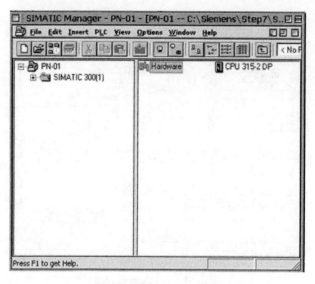

图 4.52 配置 PC Adapter

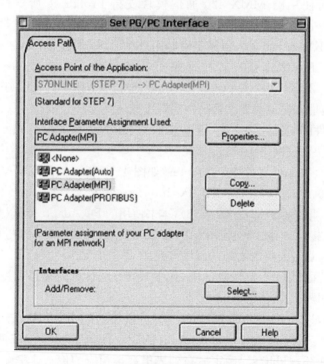

图 4.53 使用 MPI 接口与 PC 机相连接

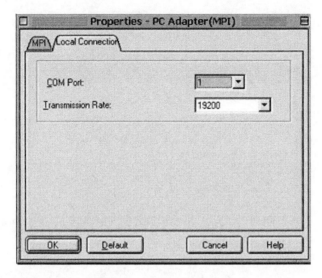

图 4.54　设定 COM Port

回到硬件配置窗口。

配置好 MPI，接下来开始下载配置信息到 PLC 的主站模块。如图 4.55 所示，执行 PLC→Download 命令或按 Ctrl＋L 键，或单击工具栏上的快捷图标。

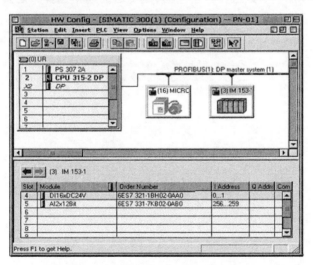

图 4.55　下载配置信息到 PLC 的主站模块

系统让我们选择一个目标模块（图 4.56），在这里是要下载到 CPU 315-2 DP 主站模块。

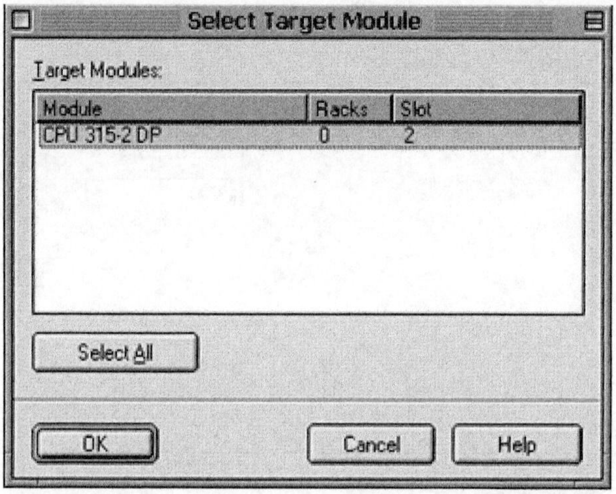

图 4.56　选择目标模块

　　选择 MPI 的站地址(图 4.57)，在 S7 Manager 里面已经使用 Set PG/PC In-terface 设定好了。

　　如果这个窗口无法正常出现，并提示无法建立 MPI 连接，则需要回到 S7 Manager，对 MPI 的各参数进行调整，尤其是传送的速率选择一定要与 PC Adapter 上面 Switch 的设定相同。

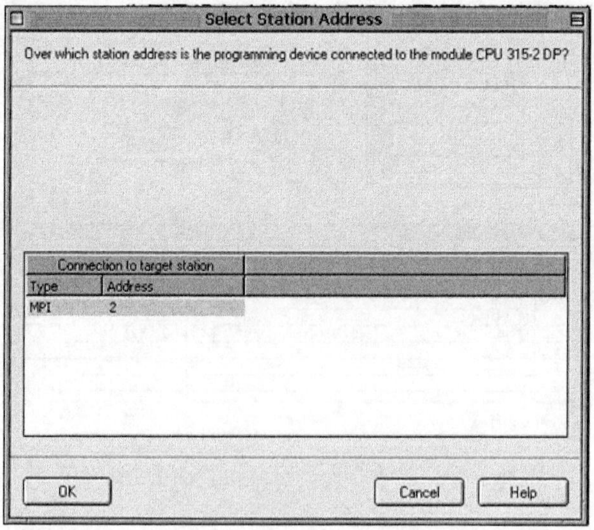

图 4.57　选择 MPI 站地址

　　单击 OK 按钮开始下载程序，如图 4.58 所示。

如果提示不能下载程序,则可能是 PLC 的 KEY 还处于 RUN 的状态,请将 KEY 拨回 STOP 状态,再次尝试下载程序。

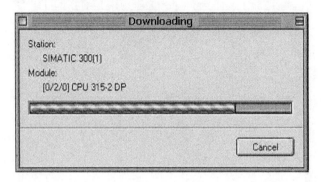

图 4.58　下载程序

程序下载完毕后,可以查看 PLC 模块上面的 LED 指示,以确定我们所进行的配置是否与实际的硬件相同,如果有错误,则 PLC 上面的 LED 会指示出错误发生的地方及各种可能性。一般情况下有这样的错误:BUSF 为 RED,表示总线上有错误,可能的原因有如下几个方面:

(1) 所配置的某个站不存在或通信有问题,或设定的地址与实际不相符;

(2) 总线两端的终端电阻设置错误,或处于中间位置的某个站也设定了终端电阻;

(3) 连接器(connector)的 A 与 B 接线错误,Profibus-DP 的 A 与 B 的定义与标准 RS485 的定义相反。

SF 为 RED 表示 PLC 程序有错误。一般为梯形图程序访问某个地址出现错误,如果组态配置有错误,一般都会出现 SF 错误。

5. PLC 编程

当网络组态工作正确完成之后,接下来继续进行 PLC 端梯形图的编程,S7 Manager 提供了强大的 PLC 编程系统。我们的任务是编写一个简单的梯形图程序,以能过 ET200M 上的 DI 和 AI 模块来对 MMX Drives 进行操作及参数访问。DI 模块用来对变频器进行启动、停止、正向、反向等控制操作,AI 模块用来设定变频器的频率。

回到 S7 Manager 的主窗口(图 4.59),因为在 Configure 的过程中,已经加入了 S7-300 的 CPU 系统,故在右边的列表里已经多了一个 CPU 315-2 DP。

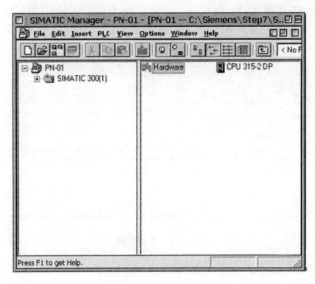

图 4.59　配置完成后的 S7 Manager 主窗口

　　按图 4.60 所示的路径点开列表,在最后的 Blocks 里,有一个 OB1,这是 PLC 主程序的入口模块,一般的程序都在此模块中进行设计,PLC 程序也从此模块开始调用执行。

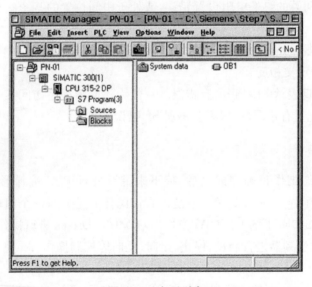

图 4.60　点开列表

　　OB1 模块打开,如图 4.61 所示。这时便可以在此窗口进行 PLC 程序的设计。有关 S7-300PLC 的指令列表请参阅详细的手册,此处不再详述。

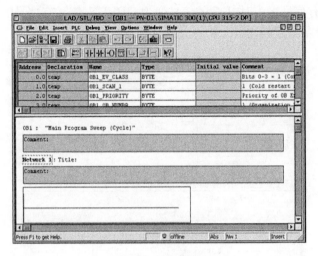

图 4.61　OB1 模块

梯形图是一种最直观的 PLC 程序设计语言,既使用方便也便于维护。

先产生一个永远为 True 的变量 M0.0。梯形图程序必须存在一个 Input 和一个 Output,故在很多地方会使用 M0.0 来作为永远为 True 的 Input,如图 4.62 所示。

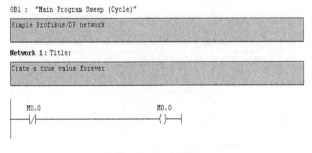

图 4.62　梯形图

现在要实现变频器的启动操作,根据 ET200M 模块上挂接的 DI 模块,确定其输入端子上的接线方法,然后接上数字输入信号。SM321 DI 模块使用 24VDC 信号输入。

确认信号输入接好后,当终端有输入信号时,相应的终端对应的 LED 会亮起 GREEN,这时表示信号正确,否则检查接线。

回到硬件配置窗口。选中 IM153-1,其下方的窗口里出现所挂接的两个模块 DI 和 AI,选中 DI 16XDC24V 并右击,在右键菜单中选中 Monitor/Modify(图 4.63)。

在此 Monitor/Modify 窗口中,可以监视模块的每一个输入量的状态(图 4.64),选中下方的 Monitor,即开始监视此模块的所有输入量,此例中使用最后一路输入作为实验,当有信号输入时,1.7 的信号变为 GREEN,表示有信号输入。

其他的设备与此相同。

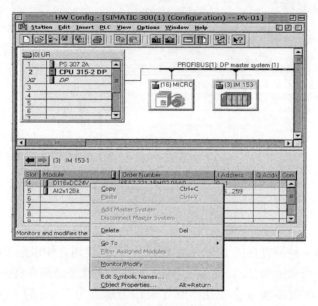

图 4.63 设置 DI

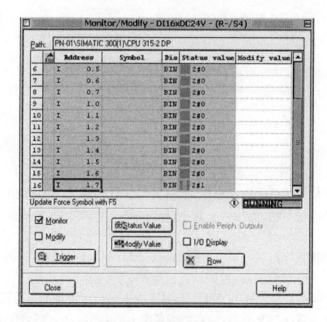

图 4.64 监视输入量状态

按 Alt＋F9 键新增一个 Network。

　　再来关注 PLC 如何对 DI 模块进行操作。DI 的地址映像为 0···1 两个字节，故可以直接对其进行寻址，使用 1.6 作为启动信号，使用 1.7 作为停止运行信号。程序如图 4.65 所示，当 I1.6 为 True 的时候，MOVE 指令会送 0x677E 到地址 264，这是 MMX 映射的 Q Address(PZD) 264···267。264···265 为 Control word（查阅 MMX420 手册）。

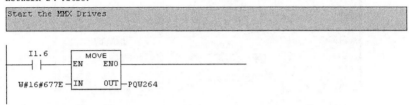

图 4.65　梯形图

　　同理，使用 1.7 的输入作为停止信号，当 1.7 有输入信号时，MOVE 指令会送 0x677F 到地址 PQW264，同样是 MMX420 的 Control Word，使变频器停止运行，如图 4.66 所示。

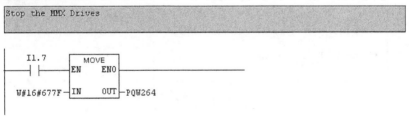

图 4.66　梯形图

　　接着再来给定 MMX Drives 的频率。频率的给定值来源于 ET200M 的 AI 模块，AI 共有两路输入信号，使用前也需要按说明书连接其外围电路。此例中使用一电位器来给出一个连续变化的模拟量信号。同样的方法，当监视 AI 模块时，可以看到已经有模拟信号进入到了第二路输入信道中。旋动外部的电位器可以看到其值在不断变化。这时表示 AI 模块的输入信号已经成功接入，如图 4.67 所示。

　　AI 模块映像的地址为 I Address 256···259(PZD)，在 MMX 映像的地址 264···267 中，后一个 Word 用做频率给定 266···267。程序如图 4.68 所示，M0.0 永远为 True，故频率是在时时刷新的，当电位器给定的频率发生变化时，就会立即通过总线送到 MMX420。至此，完成了通过 ET200M 挂接的 DI 和 AI 模块对变频器的控制，并实现其频率给定。接下来的部分，要使用 PKW 数据实现对变频器参数的访问。

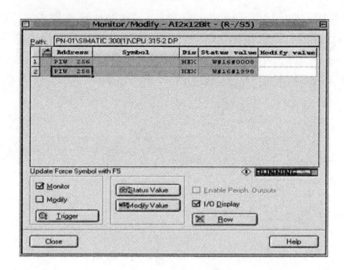

图 4.67　监视 AI 模块

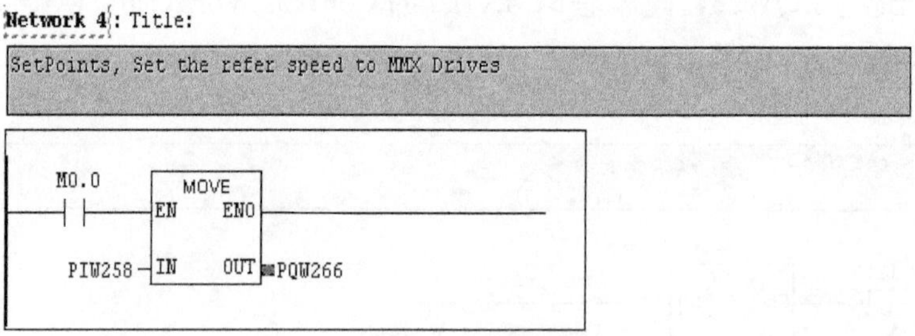

Network 4: Title:

SetPoints, Set the refer speed to MMX Drives

```
      M0.0        MOVE
      ─┤├─     EN      ENO ─────────────────
              
    PIW258 ─ IN     OUT ─ PQW266
```

图 4.68　梯形图

　　PKW 采用通用串行接口协议（USS）的规范。USS 按照串行总线的主/从通信原理来确定访问的方法。总线上可以连接一个主站和最多 31 个从站,主站根据通信报文中的地址字符来选择要传输数据的从站。在主站没有要求它进行通信时,从站本身不能首先发送数据,各人从站之间也不能直接进行信息的传输。

　　PKW 区说明参数识别 ID-数值接口的处理方式。PKW 接口并非物理意义上的接口,而是一种机理,这一机理确定了参数在两个通信伙伴之间（如控制装置与变频器）的传输方式,如参数数值的读和写。

　　有关 USS 及 PKW 格式的详细信息请参阅相关文档。

　　此例中,我们试图去读取变频器参数 0x2BC(700)的值,根据 USS 规范里面的描述,主站需要发送的数据为 12BC 0000 0000 0000。先将此 4 个字的数据写到内存区 M40…M47,如图 4.69 和图 4.70 所示,然后再利用 SFC15 模块将数据送到总线上。

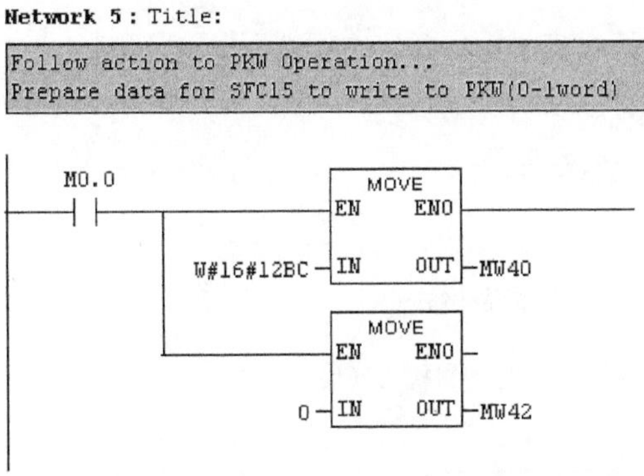
Network 5 : Title:
Follow action to PKW Operation...
Prepare data for SFC15 to write to PKW(0-1word)
M0.0
MOVE
EN ENO
W#16#12BC
IN OUT
MW40
MOVE
EN ENO
0
IN OUT
MW42

图 4.69　梯形图

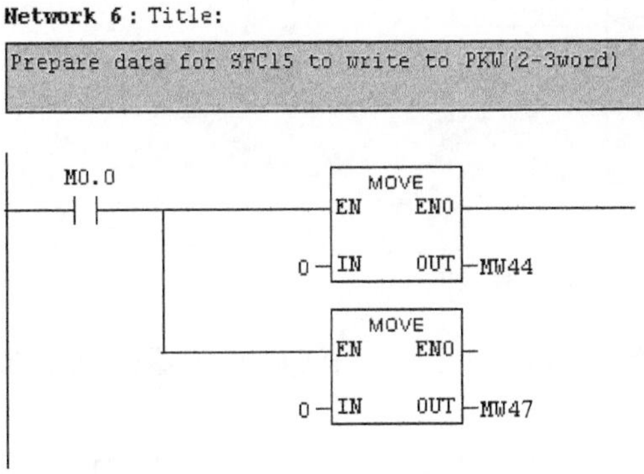
Network 6 : Title:
Prepare data for SFC15 to write to PKW(2-3word)
M0.0
MOVE
EN ENO
0
IN OUT
MW44
MOVE
EN ENO
0
IN OUT
MW47

图 4.70　梯形图

按 Alt+F9 键新增 Network 7。执行 View→STL 命令，将程序转为指令格式，输入如图 4.71 所示的指令。如果需要查看 SFC15(DPWR_DAT)模块的参数介绍，则只需单击一下 DPWR_DAT，再按下 F1 键。

LADDR 表示要访问的设备的 DP 起始地址，必须用十六进制表示。在这里，MMX 设备映射的 Q Address(PKW)为 256…263，则此值为 256(0x100)

RECORD 表示需要传送的数据存放的位置，这里按字节从 M40 位置开始存放。

RET_VAL 表示此项操作的返回代码，将其存放于 M10 里面。如果操作成功，此值为 0，否则为其操作的错误代码。

```
Network 7: Title:

Comment:

        CALL   "DPWR_DAT"                    SFC15
         LADDR  :=W#16#100
         RECORD :=P#M 40.0 BYTE 8
         RET_VAL:=MW10
        NOP   0
```

图 4.71　指令格式

执行 View→LAD 命令,让程序返回梯形图模式(图 4.72)。

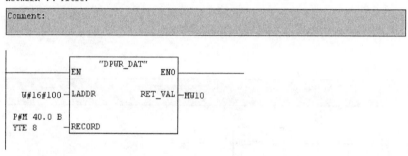

图 4.72　梯形图

使用同样的方式加 SFC14 模块,以读取 PKW 值(从变频器返回的值),如图 4.73所示。

同样使用 F1 也可以查询 SFC14(DPRD_DAT)的参数信息,SFC14 用于读到 DP 设备的数据。

LADDR 表示读取的 DP 设备所映像的 I Address 的起始地址,必须用十六进制表示。此例中为 260(0x104)。

RET_VAL 表示此操作的返回值,将其存放在内存 M12 中。如果此读操作成功,则返回值为 0,否则为其错误代码。RECORD 表示读回来的数存放的位置,暂且存放在 M30…M37 中,长度为 8 个字节,如图 4.74 所示。

执行 View→LAD 命令,让程序返回到梯形图模式。

至此,PLC 梯形图编程已完成。

执行 PLC→Download 命令,如果程序编写无误,则会出现如图 4.75 所示的提示框,提示 PLC 里面的 OB1 已经存在,是否覆盖,选择 YES 即可以把程序下载到 PLC 中。如果硬件配置与梯形图程序相符合,则 PLC 的运行一切正常,如果有错误发生,则按提示进行 Troubleshooting。

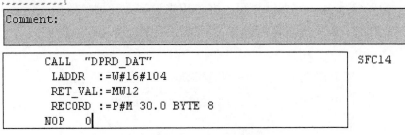

图 4.73 指令格式

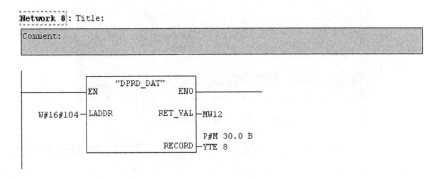

图 4.74 梯形图

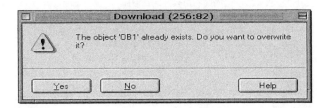

图 4.75 下载梯形图

6. 数据监控

前面已经完成了整个 Profibus-DP 系统的实现,为进一步地了解 DP 的工作机制,本章的重点将是数据的监控与分析,通过 PLC 的一些监视功能及加入一些辅助手段,可以很清楚地观测到整个 DP 总线运行的过程。本章是理解 DP 运行机制及进行 DP 从站开发的重点。

当确定梯形图程序已经正确在 PLC 中运行,将 PLC 的 KEY 拨到 RUN。在梯形图编辑窗口,执行 PLC→Monitor/Modify Variables 命令,可以启动变量监视

窗口。如图 4.76 所示,在窗口的 Address 栏位输入需要监视的变量的地址。输入
MW40～MW46,此 4 个字即试先写入准备用来访问变频器的数据。最后再输入
MW10,此地址存放的是写数据到变频器的操作的返回值,如果操作正确此值
为 0。

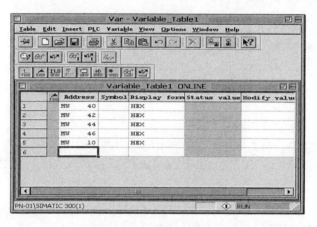

图 4.76　变量监视窗口

执行 Variable→Monitor 命令或按 Ctrl＋F7 键或单击眼镜图标,开始监视所
输入地址的变量值(图 4.77)。从监视的结果中,我们看到 MW40 的值为
12BCHEX,接下来的 3 个字的值都为 0,这与试先写入的值相符,另外,MW10 的
返回值为 0,则表示送数据到变频器的操作成功。

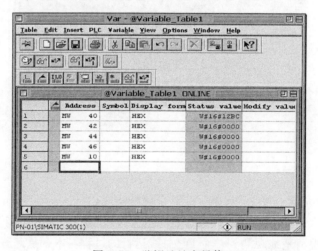

图 4.77　监视地址变量值

接着,输入 MW30～MW36 的地址,此地址存放从变频器读回来的数据。后
面接着输入 MW12,这个地址存放从变频器读数据回来的操作是否成功,为 0 则

表示成功。

　　如图 4.78 所示，从数据中可以看到，MW30 为 12BCHEX，与发送的相同，MW32、MW34 为 0，MW36 值为 0006HEX，这个地址表示从变频器读回来的参数值，即我们需要读取的参数量 0700 的值为 6。MW12 为 0 表示此读数据操作成功。同理，可以使用此方法去监视不同的其他变量。

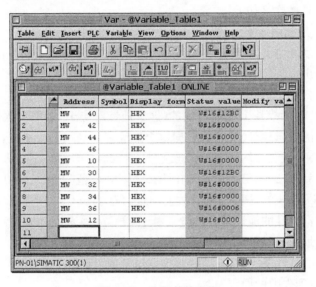

图 4.78　监视其他变量

　　若用户还需实现 Profibus-DP 非周期读、写访问，可调用 STEP7 中的特殊功能块：SFC59 对应读服务，SFC58 对应写服务。可在 STEP7 软件中进行编程。

　　SFC 59 调用实例如下所示：

```
CALL  "RD_REC"
    REQ    :=M1.0
    IOID   :=B#16#54
LADDR  :=W#16#0
    RECNUM :=B#16#1   //十六进制
    RET_VAL:=MW1
    BUSY   :=M1.1
RECORD :=P#MB50.0BYTE 112
```

　　SFC 58 调用实例如下所示：

```
CALL  "WR_REC"
REQ    :=M1.2
IOID   :=B#16#54
```

```
LADDR   :=W#16#0
RECNUM :=B#16#2   //十六进制
RECORD :=P#MB50.0  BYTE 2
RET_VAL:=MW3
BUSY    :=M1.3
```

其中命令具体含义如下：

（1）REQ是调用请求位，当此位为1时，调用执行。

（2）IOID为B#16#54或B#16#55。54表示输入模块，55表示输出模块。当从站输入输出都支持时，看输入、输出模块的起始地址（LADDR）哪个小，选小的起始地址进行定义，如果相等，则定义为输入。

（3）LADDR为模块I/O起始地址（这个地址对应于STEP7软件进行硬件组态时模块设定的逻辑地址）。主站根据这个地址来判别跟哪个从站要数据。

（4）RECNUM为S7-300数据记录号，即index的值。SFC58命令中RECNUM的范围为2～240；SFC59命令中RECNUM的范围为0～240。

（5）RECORD对应需要传输的数据记录。对于SFC59读来说，设定从从站模块读上来的数据保存的地址以及数量。对于SFC58写来说，设定将要传输给从站模块的数据的地址以及数量，保存或传输方式都以字节为单位。

（6）RET_VAL表示调用返回值，根据这个值可以判断调用是否成功执行，如果失败，可以得到失败的原因。

（7）BUSY表示调用忙位。当调用执行时，此值为1，调用结束时，此值为零，因此可以根据这个位的值，判断调用是否结束。

其中，RET_VAL出错代码含义如表4.73所示。

表 4.73 RET_VAL 出错代码

出错代码 W#16#	说明	限制
7000	用 REQ="0"第一次调用：无数据传输活动	—
7001	用 REQ="1"第一次调用：已触发数据传输	分散 I/O
7002	中间调用（REQ 无关）：数据传输已进行，BUSY 的值为"1"	分散 I/O
8090	指定的逻辑基准地址无效：对指定的逻辑基准地址在 SDB1/SDBx 中未分配或在功能调用时未指定基准地址	—
8092	在参数类型为 ANY-Poniter 的参数中指定的数据类型不是 BYTE	仅对 S7-400 适用
8093	用 LADDR 和 IOID 选择的模块不允许 SFC（允许的是：S7-300 模块、S7-400 模块、S7-DP 模块）	—
80A0	从一个模块读取时确认是否定（模块损坏或在读存取时模块被移走）	仅对 SFC59 适用
80A1	写一个模块时确认是否定（模块损坏或在写存取时模块被移走）	仅对 SFC58 适用

续表

出错代码 W#16#	说明	限制
80A2	第 2 层 DP 协议出错,可能是硬件故障	分散 I/O
80A3	在直接链路数据映像期间或在用户接口中 DP 协议出错,可能是硬件故障	分散 I/O
80A4	在 K 总线上通信故障	在 CPU 和内部 DP 接口间出错
80B0	可能的情况: (1) 对此模块类型的 SFC 调用不可能; (2) 模块不能识别数据记录; (3) 不允许大于 240 的数据记录号; (4) 对于 SFC58,数据记录不允许使用 0 和 1	—
80B1	在参数 RECORD 中长度规定有错: (1) 对 SFC58:数据记录长度错; (2) 对 SFC59(仅当使用旧型号 S7-300FM 和 S7-300CP 时可以): 　　规定>数据记录长度; (3) 用 SFC13:规定<数据记录长度	—
80B2	所组态的槽未被占用	—
80B3	实际模块类型与 SDB1 中设定的模块类型不一致	—
80C0	对 SFC59:尽管模块保持有数据记录,单还没有数据要被读对 SFC13:无诊断数据可利用	仅对 SFC59 或 SFC13 适用
80C1	对相同的数据记录,在模块上先前写作业的数据还未被模块处理完	—
80C2	此刻模块正在处理一个 CPU 的最大数量的作业	—
80C3	此刻所需的资源(存储器等)正忙	—
80C4	内部通信出错: (1) 奇偶校验错; (2) SW-Ready 未设置; (3) 块长度有错; (4) 在 CPU 一方校验和出错; (5) 在模块一方校验和出错	—
80C5	分散 I/O 不可用	分散 I/O
80C6	由于操作系统调用了较高优先权的处理级程序,故数据记录传输被终止	分散 I/O

第5章 Modbus/TCP 产品开发

5.1 基本介绍

5.1.1 组织

工业以太网 Modbus/TCP 是由施耐德公司为首的 Modbus-IDA 组织推出的，Modbus-IDA 是一个由独立的自动化设备用户和供应商构成的非营利组织，致力于推动 Modbus 通信协议在各个市场的广泛应用。

5.1.2 标准

目前，Modbus/TCP 已成为国家标准：《GB/T 19582.3—2008 基于 Modbus 协议的工业自动化网络规范第三部分：Modbus 协议在 TCP/IP 上的实现指南》，相应的测试规范也于 2010 年发布，分别为《GB/T 25919.1—2010 Modbus 测试规范第 1 部分：Modbus 串行链路一致性测试规范》《GB/T 25919.2—2010 Modbus 测试规范第 2 部分：Modbus 串行链路互操作测试规范》[74]。

5.1.3 基本特征

相对于其他类型工业以太网而言，Modbus/TCP 使用标准的 TCP/IP 以太网，Modbus/TCP 的性能会随着以太网其他技术（如信息安全技术、高速传输技术、高速交换技术等）的不断发展而水涨船高。而有些工业以太网技术，在具体实现时，或者在实时性能要求高的应用场合必须有专用的 ASIC 芯片支持，或者对标准 ISO 七层模型的数据链路层进行改造后使其满足通信需要，这些解决方案虽然可以满足不同应用场合的需要，但是协议兼容性和开放性较差[75,76]。

Modbus/TCP 基于标准的 TCP/IP 协议，定义了一个结构简单、开放和广泛应用的传输协议，易于实施，能够实现互连。

主要技术特征如下。

拓扑形式：开放局域网络，符合 IEEE802.3。

(1) 传输方式：CSMA/CD。

(2) 传送速度：100Mbit/s/10Mbit/s。

(3) 传送介质：IEEE802.3，100Base TX，100Base FX。

(4) 网络长度：从集线器至节点 100BaseTX 可达 100m，100BaseFX 可

达 3000m。

（5）应用层：Modbus 协议，TCP 端口号为 502。

5.1.4　通信协议

Modbus/TCP 基于标准的以太网，只是在 TCP 协议的基础上在应用层增加了 Modbus/TCP 协议，如图 5.1 所示。

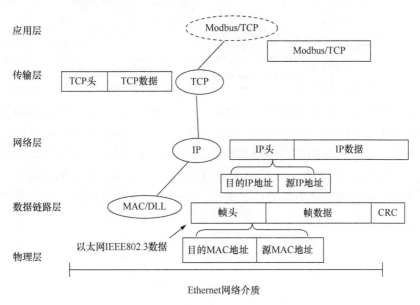

图 5.1　Modbus/TCP 数据传输图

5.1.5　报文解析

Modbus/TCP 帧格式如图 5.2 所示。

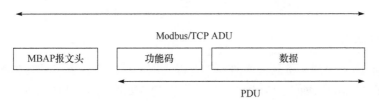

图 5.2　TCP/IP 上的 Modbus 的帧格式

MBAP 报文头具体含义如表 5.1 所示。

表 5.1　MBAP 报文头含义

域	长度	描述	客户机	服务器
事务处理标识符	2 个字节	Modbus 请求/响应事务处理的识别码	客户机启动	服务器从接收的请求中重新复制
协议标识符	2 个字节	0＝Modbus 协议	客户机启动	服务器从接收的请求中重新复制
长度	2 个字节	单元标识符和数据域的字节数	客户机启动(请求)	服务器(响应)启动
单元标识符	1 个字节	串行链路或其他总线上连接的远程从站的识别码	客户机启动	服务器从接收的请求中重新复制

由表 5.1 可以看出,MBAP 报文头由 7 个字节组成,事务处理标识符用于事务处理配对,在响应中,Modbus/TCP 服务器复制请求的事务处理标识符。协议标识符用于系统内的多路复用,通过值 0 识别 Modbus 协议。单元标识符是为了实现系统内路由,实现 Modbus/TCP 网关与 Modbus 串行从站间的通信,Modbus/TCP 客户机在请求中设置这个域,在 Modbus/TCP 服务器中必须利用相同的值返回这个域。而 Modbus/TCP 服务器端口号应设置为 502。

5.2　产品开发

5.2.1　从站分类

Modbus/TCP 从站产品主要分为两类。

1. 内置型

设备制造商生产的设备内置了 Modbus/TCP 从站功能,可直接接入 Modbus/TCP 网络与主站交互数据。

2. 外置型

目前,由于国内设备制造商研发工业以太网产品的能力还相对较弱,很多设备只内置了 Modbus 通信接口,因此,各种类型的 Modbus/TCP 通信网关是设备制造商的首选。通过配置,用户可根据需要连接相同或不同的 Modbus 从站设备。

市场上的 Modbus/TCP 通信网关一般为系列产品,具有 1、2、4、8、16、32 个 RS485 物理接口,用户可根据不同的应用需求选配。

若按照传输方式不同,市场上的 Modbus/TCP 通信网关可分为"并发"型和"透传"型。

　　用户选用"并发"型的传输方式时,必须先对 Modbus/TCP 通信网关进行配置,确定连接的每个 Modbus 设备所需传输的数据,整个系统正常运行后,当 Modbus/TCP 主站向 Modbus/TCP 通信网关发送请求时,网关会把内部已经更新的所有 Modbus 设备的数据(根据用户配置自动在数据地址映像表中生成)打包后响应主站的请求,因此传输数据实时性较高。

　　用户选用"透传"型传输方式时,整个系统正常运行后,当 Modbus/TCP 主站向网关发送请求时,网关才向 Modbus 设备发送请求报文,只有当 Modbus 设备回复该请求后,网关才把相应的数据反馈给 Modbus/TCP 主站,因此传输数据实时性相对没有"并发"型的传输方式高。两种传输方式的实时性对比如下。

　　如图 5.3 所示,假设 Modbus/TCP 主站连接一台 Modbus/TCP 通信网关,通信周期为 20ms;网关串口 1 上连接了 5 台 Modbus 设备,每台设备的 Modbus 响应时间为 50ms。

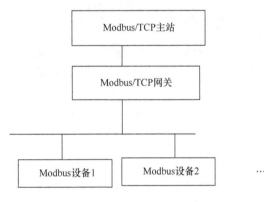

图 5.3　Modbus/TCP 系统图

　　当用户采用数据"并发"方式时,数据流如图 5.4 所示:Modbus/TCP 网络与 Modbus 网络的通信各为周期,相对独立。Modbus/TCP 主站与 Modbus/TCP 网关以 20ms 为周期进行数据交互,数据流为①～②;同时网关又作为 Modbus 的主站周期性轮询 5 台设备,设备 1 的数据流为①～③,设备 2 的数据流为④～⑥,轮询 5 台设备的最小通信周期是 50ms×5＝250ms(Modbus 信号传输时间相对于 50ms 忽略不计)。因此 Modbus/TCP 主站与 5 台设备交互一次数据在最佳情况下是 250ms,最差情况下为 270ms。

　　而在"透传"方式下(图 5.5),Modbus/TCP 主站向 Modbus/TCP 网关发送一条请求报文,如图 5.4 数据流①所示,网关收到报文,分析处理后,向 Modbus 设备 1 发送请求报文,见数据流②,设备 1 内部处理(见数据流③)后,向网关反馈报文(见数据流④),网关接收到设备的 1 的反馈报文,分析处理后,把结果反馈给 Modbus/TCP 主站(见数据流⑤),整个过程时间约为 20ms+50ms=70ms,这样,Mod-bus/TCP 访问 5 台设备则需要 5×70ms=350ms。

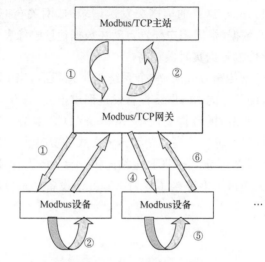

图 5.4 Modbus/TCP 网关"并发"数据流

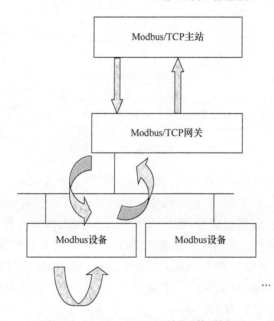

图 5.5 Modbus/TCP 网关"透传"数据流

由上述对比可看出,"并发"方式的数据传输实时性要强于"透传"方式,特别在 Modbus/TCP 网关连接更多 Modbus 设备时,"并发"方式的优势更为明显,上述情况下,如果 Modbus/TCP 网关每个串口都连接 5 台设备,在"并发"方式下,4 个串口并发处理,因此 Modbus/TCP 主站访问 20 台设备的周期最差情况下为 270ms;而"透传"方式下 Modbus/TCP 主站访问 20 台设备的周期为 20×70ms＝ 1400ms,此时"并发"方式数据传输的实时性远优于"透传"方式。

5.2.2　从站设计方案

工业以太网 Modbus/TCP 基于标准的以太网,只是在应用层增加了 Modbus 的协议,因此,Modbus/TCP 从站产品开发的重点就是以太网功能的实现,根据是否采用操作系统可分为两大类:

(1) 基于实时操作系统的 Modbus/TCP 从站开发;

(2) 不基于操作系统的 Modbus/TCP 从站开发。

外置型的 Modbus/TCP 从站通信产品,如果连接的 RS485 物理端口较少 (1～4 个),支持的 TCP/IP 连接数较少(1～8 个)时,可不采用操作系统,直接进行产品开发;一般内置型的 Modbus/TCP 产品,功能如果相对简单,则也可不采用操作系统,直接进行产品开发。

开发者若希望实现 Modbus/TCP 设备高速度、大容量、安全稳定的传输,则建议采用实时操作系统。

1. 嵌入式实时操作系统的特点

嵌入式实时操作系统(real-time operating system,RTOS)是指具有实时特性、能支持实时控制系统工作的操作系统,它的主要功能是对多个外部事件,尤其是异步事件进行实时处理,虽然事件可能在无法预知的时刻到达,但在软件上,必须在事件发生时能够及时地进行响应,并在时间耗尽之前提交响应结果,否则就意味着致命的失败并可能造成灾难性后果。因此,对嵌入式实时操作系统的实时性要求除快速性外,另一个重要的特点就是系统的确定性,即系统能对运行情况在最好、最坏的情况下作出精确的估计。对于嵌入式实时操作系统来说,一般必须具备以下特点,提供以下一些基本功能[77]。

1) 任务管理

任务管理主要实现在应用程序中建立任务、删除任务、挂起任务、恢复任务以及任务的响应、切换和调度等。系统中任务一般至少具有四种状态:运行态、就绪态、挂起态、休眠态。各任务按级别通过时间分别获得对 CPU 的访问权。

2) 中断处理

系统采用中断模式实现对外界的响应,中断管理负责中断的初始化、现场的保存和恢复、中断栈的嵌套管理等。

3) 内存管理

内存管理提供内存资源合理分配和存储保护功能,针对具体的嵌入式硬件有不同的存储管理方式。

4）共享资源的互斥访问

在嵌入式实时操作系统中，往往对传统的信号量机制进行了一些扩展，引入了优先级继承协议、优先级顶置协议等机制，较好地解决了优先级倒置问题。

5）外设管理

嵌入式实时操作系统除了系统自身地处理器和内存之外，还有很多不同的周边资源，如硬盘、显示器、通信端口、外接控制器等，因此必须编写驱动程序以提供对周边资源的支持。

2. 主流嵌入式实时操作系统

目前，市场上嵌入式实时操作系统种类繁多，据统计，世界各国的 40 多家公司已成功推出 200 余种可供嵌入式应用的实时操作系统，其中包括 WindRiver System 公司的 VxWorks、Microsoft 公司支持的 Win32 API 编程接口的 Windows CE、Linux 等。

下面主要介绍了目前市面上流行的几种著名的嵌入式实时操作系统。

1）VxWorks

VxWorks 是目前嵌入式系统领域中使用最广泛、市场占有率最高的系统。它支持各种工业标准，包括 POSIX、ANSIC 和 TCP/IP 网络协议，同时也支持 x86、Sun Sparc、i960、Motorola MC68xxx、POWERPC 等各种处理器。VxWorks 运行系统的核心是一个高效的微内核，该内核支持各种实时功能，包括快速多任务处理、中断支持、抢占式和轮转式调度，微内核设计减轻了系统负载并可快速响应外部事件。全世界有数以百万的智能设备装有 VxWorks 系统，其应用范围遍及互联网、电信和数据通信、航空、控制等众多领域。VxWorks 在各种 CPU 硬件平台上可以提供统一的接口和一致的运行特征，应用程序不用任何改动就可以运行在各种 CPU 上，为程序员提供了一致的开发和运行环境，减少了重复的劳动。

2）Windows CE

Windows CE 是一个开放的、可升级的 32 位多线程、抢占式多任务嵌入式操作系统，具有良好的图形交互界面，便于开发调试上层图形应用程序，主要应用于机顶盒、游戏机和掌上型电子设备中。在最新的 WindowsCE.NET 版本中，提供了大量原来只能在 PC 上运行的功能。在服务功能上加入了 FTP 服务、文件服务器、SQL Server、打印服务；在对硬件的支持上，增加了对无线网卡、IEEE1394 的支持；在网络协议上，增加了 IEEE802.1X、IPV6、VOIP 等支持。

3）Linux

Linux 是一套以 UNIX 为基础发展而成的操作系统。自 1991 年诞生至今，Linux 在很多方面已经赶上甚至超过了很多商用 UNIX 系统。它充分利用了

x86CPU 的任务切换机制，实现了真正的多任务、多用户环境。Linux 对硬件配置的要求相当低，能够在 4MB 内存的 386 机器上很好地运行。

在应用于嵌入式系统方面，μClinux 是一种优秀的嵌入式 Linux 版本。μClinux 是一种优秀的嵌入式 Linux 版本，其全称为 micro-control Linux，从字面意思看是指微控制 Linux。同标准的 Linux 相比，μClinux 的内核非常小，但是它仍然继承了 Linux 操作系统的主要特性，包括良好的稳定性和移植性、强大的网络功能、出色的文件系统支持、标准丰富的 API，以及 TCP/IP 网络协议等。因为没有 MMU 内存管理单元，所以其多任务的实现需要一定技巧。

RTLinux 是通过底层对 Linux 实施改造的产物，是源代码开放的具有硬实时特性的多任务操作系统。通过在 Linux 内核与硬件中断之间增加一个精巧的可抢先的实时内核，把标准的 Linux 内核作为实时内核的一个进程与用户进程一起调度，标准的 Linux 内核的优先级最低，可以被实时进程抢断。正常的 Linux 进程仍可以在 Linux 内核上运行，这样既可以使用标准分时操作系统（即 Linux）的各种服务，又能提供低延时的实时环境。

4）μC/OS-II

μC/OS-II 是 micro-control OS 的缩写，即微控制器操作系统。它是一款源码公开的、免费的嵌入式实时操作系统。其可剥夺型实时内核已经被广泛地应用在照相机业、医疗器械、音像设备、发动机控制、网络接入设备、高速公路电话管理系统、自动提款机、工业机械人等。μC/OS-II 是在性能上不亚于商业级软件的 RTOS，区别在于 μC/OS-II 只是一个实时操作系统内核，而商业软件一般是一个包括调试手段在内的完整的软件包。μC/OS-II 是专门为嵌入式应用写的实时内核，可移植，可固化，可剪裁。用户可以只选用对其应用程序有用的那一部分，故内核目标代码可以剪裁到小于 1.5KB。μC/OS-II 可以管理和调度 64 个任务。由于 μC/OS-II 是可剥夺型的，在任务调度过程中要处理可能发生的竞争，每个任务都要有自己的栈空间，故任务越多，RAM 的需求量就越大。

5）ReWorks

ReWorks 是中国电子科技集团公司第三十二研究所（华东计算技术研究所）自主研制的嵌入式实时操作系统，含义为 Replace of Vxworks，提供符合 IEEE POSIX 1003.1—2001 实时规范的接口和市场广泛使用的 VxWorks 兼容接口，其实时响应时间为微秒级，系统最小配置小于 30KB。作为为数不多的国产嵌入式操作系统，ReWorks 具备可移植性、易用性、可用性、可持续性和集成支持等特点，主要性能指标可与 VxWorks 等国际产品相当。ReWorks/ReDe 实时系统开发与运行平台带有功能比较完全的 TCP/IP 协议栈网络模块，而且提供标准的 BSD 套接字[78]。

在对嵌入式系统中对实时操作系统的选择时，主要以合适为宜，性能要符合要求、软件要兼容硬件、功能要满足需求，并且也需要就服务和价格等因素进行综合考虑。

上述几种主流的嵌入式操作系统中 μC/OS-II 和 Linux 是免费嵌入式操作系统，开发者可根据自身研发环境选择合适的操作系统。

Windows CE 相对实时性较差，不建议开发者选择，若选用 VxWorks、Re-Works、Linux 等操作系统，则这些操作系统本身就带有 TCP/IP 协议栈，开发者只需调用相应的 Socket 接口即可。而 ReWorks 是完全自主研发的国产操作系统，对于特定系统的定制与扩展，ReWorks 在技术上不存在技术盲点，在经济上有价格优势，在服务上也有本地优势。

若开发者采用开源的 μC/OS-II 操作系统，则建议采用 LwIP 协议栈。LwIP 是瑞士计算机科学院（Swedish Institute of Computer Science）的 Adam Dunkels 等开发的一套用于嵌入式系统的开放源代码 TCP/IP 协议栈。LwIP 的含义是 Light Weight（轻型）IP 协议。它可以移植到操作系统上，也可以在无操作系统的情况下独立运行。LwIP 的 TCP/IP 实现的重点是在保持 TCP 协议主要功能的基础上减少对 RAM 的占用，一般它只需要几十千字节的 RAM 和 40KB 左右的 ROM 就可以运行，这使 LwIP 协议栈适合在低端嵌入式系统中使用。LwIP 的主要特性如下：

（1）支持多网络接口下的 IP 转发；

（2）支持 ICMP 协议；

（3）包括实验性扩展的 UDP（用户数据报协议）；

（4）包括阻塞控制、RTT 估算、快速恢复和快速转发的 TCP（传输控制协议）；

（5）提供专门的内部回调接口（Raw API），用于提高应用程序性能；

（6）可选择的 Berkeley 接口 API（在多线程情况下使用）；

（7）在最新的版本中支持 ppp；

（8）新版本中增加了的 IP fragment 的支持；

（9）支持 DHCP 协议，动态分配 IP 地址。

具体的移植过程，建议读者学习焦海波的《μC/OS-II 平台下的 LwIP 移植笔记》，里面介绍得非常详细，这里就不再赘述。

3. 主芯片选择

工业以太网 Modbus/TCP 基于标准的以太网，因此一般带有以太网接口的主芯片都能进行 Modbus/TCP 产品的开发，开发者可根据实际的功能需求选择相应的主芯片，现在的 ARM7、ARM9、ARM11、Cortex-M3、Cortex-M4 系列都是不错的选择。

大多数的主芯片内置了以太网的 MAC（媒体访问控制、数据链路层）接口，需要外接 PHY（物理层）驱动芯片，常用的有 DP83848、KS8721 等 PHY 芯片。

若开发者想减少产品体积、降低功耗,可选择 MAC、PHY 都集成一体化的主芯片,如 TI 公司的 LM3S6911,该芯片是针对工业应用方案而设计的,包括远程监控、电子贩售机、测试和测量设备、网络设备和交换机、工厂自动化、HVAC 和建筑控制、游戏设备、运动控制、医疗器械以及火警安防等。

LM3S6911 主芯片的以太网特性如下:

(1) 符合 IEEE 802.3—2002 规范;

(2) 在 100Mbit/s 和 10Mbit/s 速率运作下支持全双工和半双工的运作方式;

(3) 集成 10/100Mbit/s 收发器(PHY 物理层);

(4) 自动 MDI/MDI-X 交叉校验;

(5) 可编程 MAC 地址;

(6) 节能和断电模式。

5.2.3　硬件

Modbus/TCP 通信网关硬件系统由 CPU 模块、电源模块、以太网接口模块、RS485 通信模块、串口调试模块、状态指示模块组成,具体的硬件框图如图 5.6 所示。

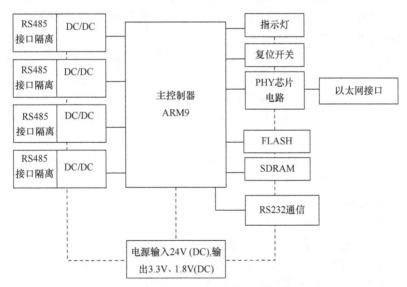

图 5.6　Modbus/TCP 通信网关硬件框图

通信网关在实现基本 TCP/IP 协议的基础上,实现了 Modbus/TCP 协议、Modbus 协议,具备 Modbus/TCP 从站、Modbus 主站、多任务并发通信、灵活配置等主要功能,因此需要高性能的 CPU 满足上述需求,故采用了 Atmel 公司的 ARM9 芯片作为主芯片。

5.2.4　软件

1. 通信协议的理解

Modbus/TCP 基于标准的 TCP/IP,只是在应用层增加了 Modbus 协议,因此,开发 Modbus/TCP 产品,最重要的是对 TCP/IP 通信协议的理解和掌握。

TCP 协议数据传输相对于 UDP 来说比较复杂,可分为三个阶段:建立连接、传输数据和断开连接。

1) TCP 通信

在 TCP/IP 网络应用中,通信的两个进程间相互作用的主要模式是客户/服务器模式(client/server mode),即客户向服务器发出服务请求,服务器接收到请求后,提供相应的服务。客户/服务器模式的建立基于以下两点:首先,建立网络的起因是网络中软硬件资源、运算能力和信息不均等,需要共享,从而造就拥有众多资源的主机提供服务,资源较少的客户请求服务这一非对等作用;其次,网间进程通信完全是异步的,相互通信的进程间既不存在父子关系,又不共享内存缓冲区,因此需要一种机制为希望通信的进程间建立联系,为二者的数据交换提供同步,这就是基于客户/服务器模式的 TCP/IP。

客户/服务器模式在操作过程中采取的是主动请求方式,首先服务器方要先启动,并根据请求提供相应服务:

(1) 打开一通信通道并告知本地主机,它愿意在某一公认地址上接收客户请求;

(2) 等待客户请求到达该端口;

(3) 接收到重复服务请求,处理该请求并发送应答信号,接收到并发服务请求,要激活一新进程来处理这个客户请求,新进程处理此客户请求,并不需要对其他请求作出应答,服务完成后,关闭此新进程与客户的通信链路,并终止;

(4) 返回第(2)步,等待另一客户请求;

(5) 关闭服务器。

客户方步骤如下:

(1) 打开一通信通道,并连接到服务器所在主机的特定端口;

(2) 向服务器发服务请求报文,等待并接收应答,继续提出请求;

(3) 请求结束后关闭通信通道并终止。

2) TCP 的建立连接

TCP 协议能为应用程序提供可靠的通信连接,使一方发出的数据能无差错地发往另一方,因此两个设备如果要进行 TCP 通信,必须先建立连接后才能进行数据的传递。建立连接的过程比较复杂,简单说来就是进行三次"对话"。主机 A 向主机 B 发出连接请求数据包"我想给你发数据,可以吗?"这是第一次对话;主机 B

向主机 A 发送同意连接和要求同步的数据包"可以,你什么时候发?"这是第二次对话;主机 A 再发出一个数据包确认主机 B 的要求同步"我现在就发,你接着吧!"这是第三次对话。三次"对话"的目的是使数据包的发送和接收同步,经过三次"对话"之后,主机 A 才向主机 B 正式发送数据。实际过程如下。

　　请求端(通常称为客户)发送一个 SYN 段指明客户打算连接的服务器的端口,以及初始序号(ISN)。这个 SYN 段为报文段 1。服务器发回包含服务器的初始序号的 SYN 报文段作为应答。同时,将确认序号设置为客户的 ISN 加 1 以对客户的 SYN 报文段进行确认。一个 SYN 将占用一个序号。客户必须将确认序号设置为服务器的 ISN 加 1 以对服务器的 SYN 报文段进行确认。这三个报文段完成连接的建立。这个过程也称为三次握手(three-way handshake)。

　　发送第一个 SYN 的一端将执行主动打开(active open)。接收这个 SYN 并发回下一个 SYN 的另一端执行被动打开(passive open)。当一端为建立连接而发送它的 SYN 时,它为连接选择一个初始序号。ISN 随时间而变化,因此每个连接都将具有不同的 ISN。这样选择序号的目的在于防止在网络中被延迟的分组在以后又被传送,而导致某个连接的一方对它作错误的解释。

　　3) 断开连接

　　建立一个连接需要三次握手,而终止一个连接要经过四次握手。这是由 TCP 的半关闭造成的。既然一个 TCP 连接是全双工(即数据在两个方向上能同时传递),因此每个方向必须单独地进行关闭。这原则就是当一方完成它的数据发送任务后就能发送一个 FIN 来终止这个方向连接。当一端收到一个 FIN,它必须通知应用层另一端已经终止了那个方向的数据传送。发送 FIN 通常是应用层进行关闭的结果。收到一个 FIN 只意味着在这一方向上没有数据流动。一个 TCP 连接在收到一个 FIN 后仍能发送数据。而这对利用半关闭的应用来说是可能的,尽管在实际应用中只有很少的 TCP 应用程序这样做。正常关闭过程如图 5.7 所示。

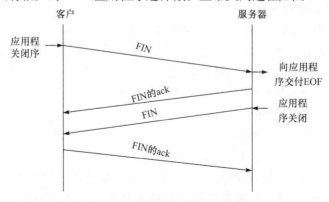

图 5.7　断开连接时的报文发送过程

首先进行关闭的一方(即发送第一个 FIN)将执行主动关闭,而另一方(收到这个 FIN)执行被动关闭。通常一方完成主动关闭而另一方完成被动关闭。

4) 套接字 Socket

Socket 接口是 TCP/IP 网络的 API,Socket 接口定义了许多函数或例程,程序员可以用它们来开发 TCP/IP 网络上的应用程序。一般的操作系统都带有 TCP/IP 协议栈,因此只需要了解、掌握 Socket 相关接口。

TCP/IP 的 Socket 提供下列三种类型套接字:

(1) 流式套接字(SOCK_STREAM)。

提供了一个面向连接、可靠的数据传输服务,数据无差错、无重复地发送,且按发送顺序接收。内设流量控制,避免数据流超限;数据被看做字节流,无长度限制。文件传送协议(FTP)即使用流式套接字。

(2) 数据报式套接字(SOCK_DGRAM)。

提供了一个无连接服务。数据包以独立包形式被发送,不提供无错保证,数据可能丢失或重复,并且接收顺序混乱。网络文件系统(NFS)使用数据报式套接字。

(3) 原始式套接字(SOCK_RAW)。

该接口允许对较低层协议,如 IP、ICMP 直接访问。常用于检验新的协议实现或访问现有服务中配置的新设备。

因此 TCP 选择流式套接字(SOCK_STREAM)进行通信,Socket 通信的原理还是比较简单的,它大致分为以下几个步骤。

服务器端的步骤如下:

(1) 建立服务器端的 Socket,开始侦听整个网络中的连接请求;

(2) 当检测到来自客户端的连接请求时,向客户端发送收到连接请求的信息,并建立与客户端之间的连接;

(3) 当完成通信后,服务器关闭与客户端的 Socket 连接。

客户端的步骤如下:

(1) 建立客户端的 Socket,确定要连接的服务器的主机名和端口;

(2) 发送连接请求到服务器,并等待服务器的回馈信息;

(3) 连接成功后,与服务器进行数据的交互;

(4) 数据处理完毕后,关闭自身的 Socket 连接。

具体过程如图 5.8 所示。

服务器端先初始化 Socket,然后与端口绑定(bind),对端口进行监听(listen),调用 accept,等待客户端连接。在这时如果有个客户端初始化一个 Socket,然后连接服务器(connect),如果连接成功,这时客户端与服务器端的连接就建立了。客户端发送数据请求,服务器端接收请求并处理请求,然后把回应数据发送给客户端,客户端读取数据,最后关闭连接,一次交互结束。

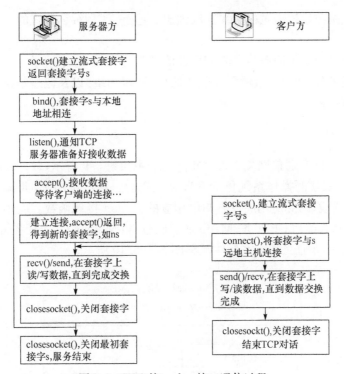

图 5.8 TCP 的 socket 接口通信过程

5）TCP 提供可靠连接的方式

TCP 通过以下方式提供可靠性：

（1）应用程序分割为 TCP 认为最合适发送的数据块。由 TCP 传递给 IP 的信息单位称为报文段。

（2）当 TCP 发出一个报文段后，它启动一个定时器，等待目的端确认收到这个报文段。如果不能按时收到一个确认，它就重发这个报文段。

（3）当 TCP 收到发自 TCP 连接另一端的数据，它将发送一个确认。这个确认不是立即发送，通常延迟几分之一秒。

（4）TCP 将保持它首部和数据的检验和。这是一个端到端的检验和，目的是检测数据在传输过程中的任何变化，如果收到报文段的检验和有差错，TCP 将丢弃这个报文段和不确认收到这个报文段。

（5）既然 TCP 报文段作为 IP 数据报来传输，而 IP 数据报的到达可能失序，因此 TCP 报文段的到达也可能失序。如果必要，TCP 将对收到的数据进行排序，将收到的数据以正确的顺序交给应用层。

（6）既然 IP 数据报会发生重复，TCP 连接端必须丢弃重复的数据。

（7）TCP 还能提供流量控制，TCP 连接的每一方都有固定大小的缓冲空间。

（8）TCP 的接收端只允许另一端发送接收端缓冲区所能接纳的数据。这将防止较快主机致使较慢主机的缓冲区溢出。但是 TCP 对字节流的内容不作任何解释。

　　本书只是给出了简单的 TCP/IP 通信过程,读者若想系统学习 TCP/IP 基本原理及实现过程,建议阅读潘爱民翻译的《计算机网络》以及范建华翻译的《TCP/IP 详解卷 1:协议》这两本书。

　　2. 软件设计

　　Modbus/TCP 通信网关嵌入式软件的结构如图 5.9 所示,软件底层是设备驱动程序,嵌入式实时操作系统负责管理系统资源、任务、中断等,此操作系统带有 TCP/IP 协议栈,因此应用层只需调用相应的 Socket 接口函数。应用层通过任务调度管理 Modbus/TCP 任务、Modbus 接收任务、Modbus 发送任务、配置管理任务、设备状态指示任务等。系统主流程图如图 5.10 所示。

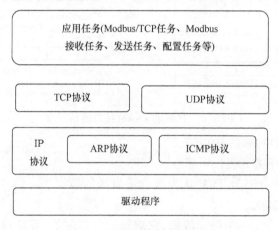

图 5.9　软件系统结构层次图

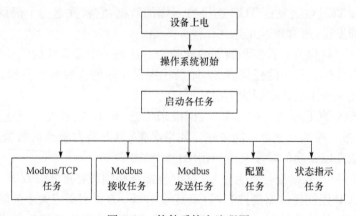

图 5.10　软件系统主流程图

　　随着通信技术的飞速发展,现场设备所需远程传输的数据种类日益增多,数据量也日渐增大。有些数据实时性要求较高,如电表设备中的电压、电流、电度、I/O 状态等需要实时更新;而一些偶发的数据,如配置、诊断、描述类的数据,对传输的实时性要求不高。因此 Modbus/TCP 通信网关设计了不同的传输方式,来满足设备对数据不同的传输要求。

　　针对实时性数据,网关采用"并发"的方式,通过网关 4 个物理口并发处理数据,当 Modbus/TCP 主站向网关发送请求时,网关会把内部已经更新的所有 Modbus 设备的数据(在数据地址映像表中)打包后响应主站的请求;针对非实时数据,采用"透传"的方式,当 Modbus/TCP 主站向网关发送请求时,网关才向 Modbus 设备发送请求报文,只有当 Modbus 回复该请求后,网关才把相应的数据反馈给 Modbus/TCP 主站[71]。具体的流程参见图 5.11。

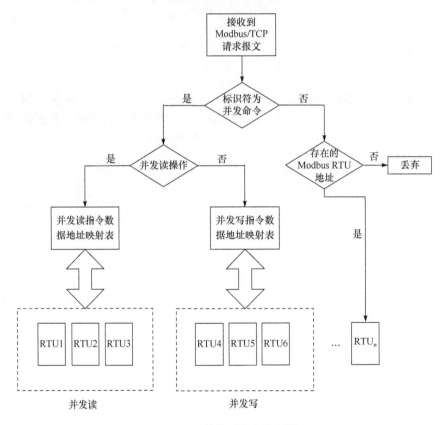

图 5.11　软件系统主流程图

　　该通信网关的数据"并发""透传"传输方式,可根据用户的实际需求独立使用或联合使用。无论以哪种方式实现,用户都需要通过上位机配置软件对通信网关的以太网信息(如 IP 地址、子网掩码、网关设置等)、串口的信息(如地址、波特率、校验位、停止位等)进行配置,其中串口的配置信息如图 5.12 所示。

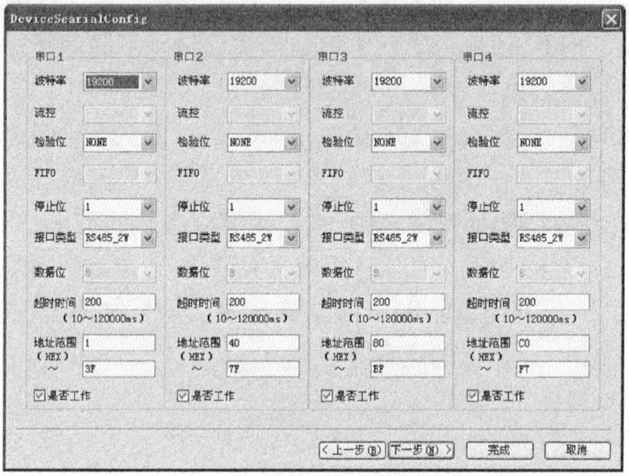

图 5.12　串口配置信息

Modbus/TCP 通信网关具有 4 个 RS485 物理接口,这 4 个接口都是独立的,通过操作系统的多任务调度及内部处理算法,可实现 4 个接口的并发数据传输,传输的数据内容用户可通过上位机软件进行配置,如图 5.13 所示。

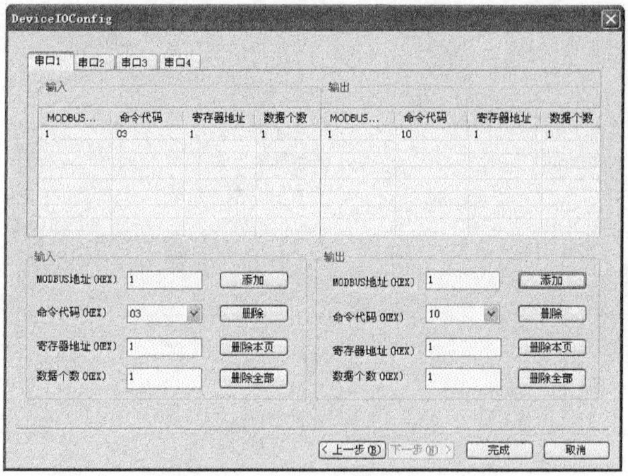

图 5.13　并发数据配置表

如图 5.13 所示,用户可根据实际需求在每个串口上添加设备所需实时交互的设备地址、命令码、寄存器地址、数据个数等基本信息,添加完成后,用户把配置数据下载到 Modbus/TCP 通信网关,通信网关即会按照用户添加的顺序把所有串口数据打包,与上层网络 Modbus/TCP 主站进行交互[71]。

5.2.5　开发过程中注意事项

1）MACID

设备制造商出厂的 Modbus/TCP 产品,每台都必须带有全球唯一的 MACID, MACID 可向 IEEE Standards Association 申请,花钱购买相应的 ID 段。

2）TCP/IP 协议栈功能是否完全

开发者使用不同的 TCP/IP 协议栈进行开发,有些协议栈的功能不尽完全,也会给产品的不同应用环境带来问题。例如,有些 Modbus/TCP 主站会发送 Keep-alive 包给从站,如果从站没有实现此功能,在规定时间内没有给出响应,主站即会断开与从站的连接,导致通信异常。

3）插拔网线

设备启动时不插网线或正常运行时插拔网线都可能造成产品不能正常恢复通信,开发的时候需要特别注意。

4）稳定性

以太网设备的开发,起步、功能实现很容易,但是要做稳定却不容易。开发者需要对操作系统、协议栈有全面的了解及掌握,对出现的问题能进行正确分析,必须注意内存分配、缓存管理、时间管理等问题。

5）集成器交换机、路由器

进行以太网产品的开发,开发者必须具备一定的集成器、交换机、路由器的基础知识,一般工业以太网网络不建议使用集成器,至少使用交换机。在开发过程中,可以购买管理型交换机,利用交换机的镜像(mirror)功能,监控报文,对报文进行分析,加快开发者的研发过程。

5.2.6　报文分析

若要学习一种新的通信协议,最简单的方法就是获取网络的报文进行分析,了解系统中设备的通信过程,再参考其标准或者规范进行学习,往往能达到事半功倍的效果。

要分析基于以太网的报文,Wireshark(以前称为 Ethereal)是最好的抓包工具。Wireshark 使用 WinPCAP 作为接口,直接与网卡进行数据报文交换,能捕捉网络中的所有封包,不会对网络封包产生内容的修改,本身也不会送出封包至网络上。读者可通过其官网(http://www.wireshark.org/)下载此软件安装包。

安装好软件后,单击打开按钮,出现图 5.14 所示的界面。

执行 Capture→Interfaces 命令(图 5.15)。

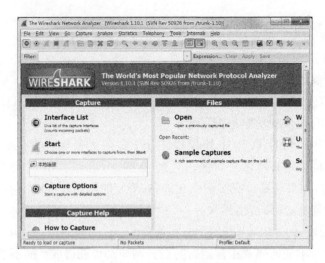

图 5.14　Wireshark 界面

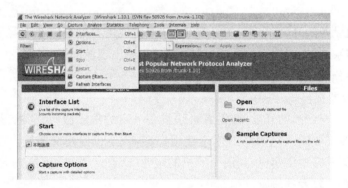

图 5.15　Interfaces 界面

弹出如下对话框,如图 5.16 所示显示当前计算机网卡的信息,如果计算机有多块网卡,则此对话框会显示出所有网卡列表,用户选择想捕捉报文的网卡即可。

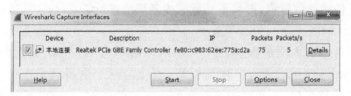

图 5.16　网卡信息

单击图 5.16 对话框的 Start 按钮,便可开始抓包。

调试 Modbus/TCP 从站产品,必不可少的需要 Modbus/TCP 主站进行测试,若用户购买了 Modbus-IDA 组织的 Modbus/TCP 协议的开发包,开发包中便会自带 Modbus/TCP 的调试工具 Modbus Server Tester，如图 5.17 所示。

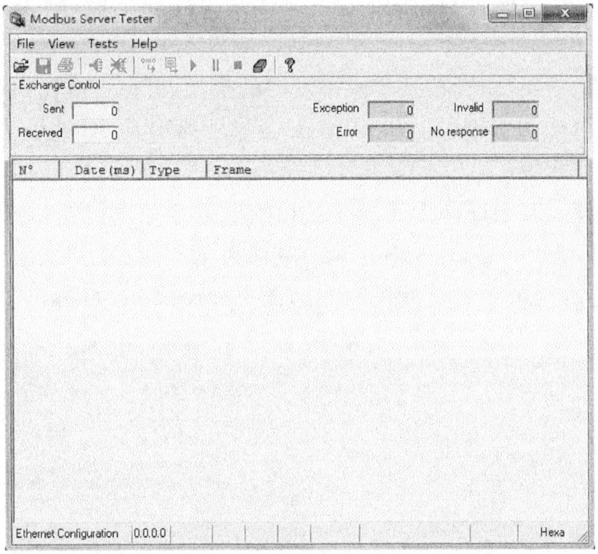

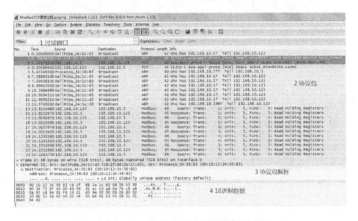

图 5.17　Modbus Server Tester 界面

　　此软件可以作为 Modbus/TCP 的主站，与开发的 Modbus/TCP 从站设备进行通信。以此软件为例，抓取主站与从站的通信过程。抓取的包如图 5.18 所示。

图 5.18　主站与从站的通信过程

　　图 5.18 中，主界面主要分为过滤窗口、协议包、协议包解析、十六进制数据等四个部分，各部分含义如下。

　　1）过滤窗口

　　过滤窗口主要可以对开发者抓取的众多报文进行过滤，通过键入不同的命令可实现不同的过滤方法，常用的过滤方式如下：

（1）协议过滤。若用户只需 TCP 的报文，可在过滤窗口键入"tcp"（注意，所有的命令必须小写，不能大写，否则命令无效），再按回车键，则 Wireshark 会自动过滤，只显示所有 tcp 的报文。

（2）IP 过滤。若只想查看某个设备发出的报文，可在过滤窗口键入"ip. src＝＝192. 168. 10. 5"，再按回车键，则 Wireshark 会显示所有从 IP 地址为 192. 168. 10. 5 发出的报文。

（3）端口过滤。若想查看 TCP 某个端口的报文，可在过滤窗口键入"tcp. port＝＝502"，再按回车键，则 Wireshark 会显示所有端口为 502 的报文。

过滤遵循的协议可单击过滤窗口右边的 Expression，如图 5. 19 所示。

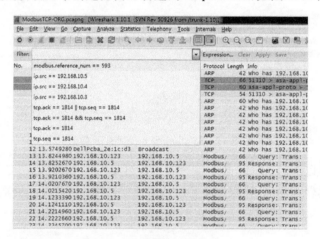

图 5. 19　Expression 界面

2）协议包

协议包即显示 Wireshark 捕捉的所有报文，从左到右依次是序列号、时间、源 IP 地址、目标 IP 地址、遵循协议、报文长度、报文信息等内容。

3）协议包解析

单击协议包中的某一栏报文，协议包解析部分就会给出此报文的详细信息。如单击图 5. 19 中 TCP 发出的三次握手的第一个 SYN 报文，如图 5. 20 所示。

```
⊞ Frame 2: 66 bytes on wire (528 bits), 66 bytes captured (528 bits) on interface 0
⊞ Ethernet II, Src: DellPcba_2e:1c:d3 (c8:1f:66:2e:1c:d3), Dst: Processo_34:56:83 (00:10:12:34:56:83)
⊞ Internet Protocol Version 4, Src: 192.168.10.123 (192.168.10.123), Dst: 192.168.10.5 (192.168.10.5)
⊞ Transmission Control Protocol, Src Port: 51310 (51310), Dst Port: asa-appl-proto (502), Seq: 0, Len: 0
```

图 5. 20　SYN 报文

协议包解析中就给出了 FRAME 2、Ethernet Ⅱ、Internet Protocol Version 4、Transmission Control Protocol，即对应以太网物理层数据、数据链路层头部信息、网络层头部信息、传输层头部信息。

若单击展开 TCP 传输层数据,可看到 Wireshark 帮用户解析的报文数据的含义,如图 5.21 所示,也可看到 SYN 已经被设置。

图 5.21   报文数据含义

单击某个 Modbus/TCP 的报文,如图 5.22 所示。

图 5.22   Modbus/TCP 报文

协议包解析中就给出了 FRAME 2、Ethernet Ⅱ、Internet Protocol Version 4、Transmission Control Protocol、Modbus/TCP、Modbus,即对应以太网物理层数据、数据链路层头部信息、网络层头部信息、传输层头部信息、应用层的数据。图 5.23 给出的是 Modbus/TCP 通信网关在"透传"方式下,Modbus/TCP 主站通过网关读取 Modbus 的数据。

图 5.23   Modbus 的数据

可看到 Modbus/TCP 报文中事务处理标识符为 2,协议标识符为 0,长度为 6,单元标识符为 5,即想访问的 Modbus 设备地址为 5,Modbus 功能码为 3,即读保持寄存器,共读取 16 个字的数据。

4) 十六进制数据

十六进制数据即为以太网上传输的数据,与协议包解析中的数据一致。

5.2.7   组网配置

本例构建了一个 Modbus/TCP 系统,主站采用施耐德公司 Modicon M340,从站为上海电器科学研究所(集团)有限公司(简称上电科公司)的以太网 PLC(VPC-EMT32)。本例的目的是通过 Modbus/TCP 系统的组网,实现远程 Modbus/TCP 主从站通信。

1. 硬件平台

Modicon M340 是 Unity 平台下 Premium 和 Quantum 产品线的拓展,适用于中小型网络化控制系统,与常见 PLC 产品类似,都是由电源、CPU、机架、通信模块及相应的链接附件等组成。图 5.24 为 M340 机型与各类 Modbus/TCP 设备的简易通信示意图。

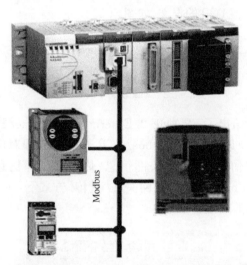

图 5.24   M340 机型与各类 Modbus/TCP 设备的简易通信示意图

另外,为配合 M340 搭建简易的 Modbus 平台,选用上电科公司的 VPC 系列 PLC 作为 Modbus/TCP 从站(VPC-EMT32)。

2. 软件平台

统一的编程软件 Unity Pro,可以用于任何 Safety Quantum、Quantum、Premium、M340 系列产品,可在不同平台间移植应用程序,Unity Pro 支持五种 IEC 编程语言、图形化编程工具、高级在线帮助和大量的数据输入帮助向导,它分为五个版本:S、M、L、XL、XLS。本书使用 XL 版(支持 M340),表 5.2 为软件安装要求。

表 5.2　软件安装要求

硬件要求	主频	Pentium 1.2GHz 以上,推荐 2.4GHz
	RAM	1GB,推荐 2GB
	硬盘	2GB,推荐 4GB
软件要求	操作系统	Windows XP\Vista Professional Edition
	浏览器	Microsoft Internet Explorer 5.5 以上

另外,为配合 VPC 系列 PLC,需安装配套上位机编程软件 VX-Pro,其界面如下,单击菜单栏上的"工具"选项,然后选择"以太网",则出现图 5.25 所示的以太网配置对话框。配置任何其他 Modbus/TCP 设备,都需安装相应的上位机软件以进行必要的从站端以太网配置。

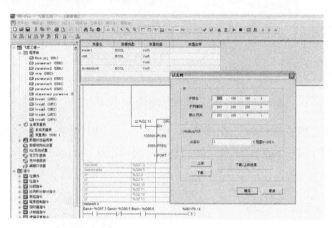

图 5.25　以太网配置对话框

3. 系统搭建与配置

为便于 PC 端上位机对各主从站实时监控及各站间的互连,系统中必须添加管理型交换机,选用 CTRLink 的 EICP8M-100T。

软件配置中从站及网关的配置较为简易,在此重点介绍 M340 的配置方法。

Vxpro:如图 5.26 所示,从站端需注意 IP 配置及 ID 配置,IP 地址与子网掩码保证与 PC 端及主站在同一网段(此例中使用网段 192.168.10.×),ID 号为从站在网络中的逻辑识别号,为便于记忆及管理,本书配置从站 IP 的末 8 位与 ID 号一致(如 192.168.10.3 的 ID 号为 3),由此 3 台从站 ID 分别为 3/4/5,分别将以太网的配置下载到 PLC 中。

CTRLink:交换机 IP 可不与以上设备在同一网段内,仅用于本机配置,为便于侦测网路中的实时报文(常用 Wireshark),需把各非 PC 端口的数据镜像到 PC

端口。

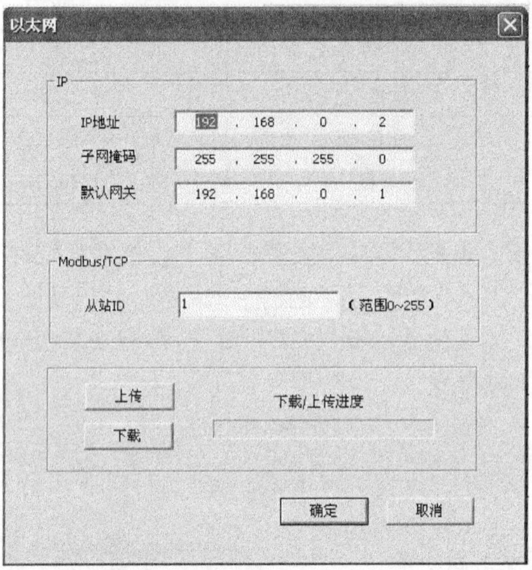

图 5.26　配置从站端 IP 及 ID

　　首先在浏览器地址栏输入交换机的 IP 地址,出现对话框需要输入交换机的用户名和密码,进而进入图 5.27 所示的设置页面,找到 Port mirroring,如图深色的圈中所示。

图 5.27　交换机设置页面

　　选择好 Analysis Port 和所要镜像的端口,单击 Apply 按钮。最后要保存好对交换机的设置。

　　M340:作为主站,首先应对其 IP 进行设置,当拿到 0110 模块时,很可能不知道其具体 IP 是多少,于是先执行恢复步骤——Clear IP(若已知晓可跳过此步)。

如图 5.28 所示,使用一字刀转动下开关至 Clear IP 位置(注意箭头应准确对准目标位置,如果没有入位,则开关值可能不正确或不确定),把模块重新插回机架,上电后,模块即恢复默认 IP,保持转动开关在 Clear IP 处的位置直到将新的 IP 地址下载到施耐德的 PLC 中。

默认 IP 根据模块机身上印刻的 MAC 地址得出,其格式为 84. ×. ×. ×,后三个字段由 MAC 的最后三个十六进制字节所对应的十进制数值组成(如 MAC:0000531201C4,这里需要注意的是 12-01-C4,此三字段的十进制数为 18-1-196,那么默认 IP 即为 84. 18. 1. 196),恢复成默认 IP 后,即可据此 IP 配置 PC 端 IP,在相同网段下,连接 M340 与 PC。

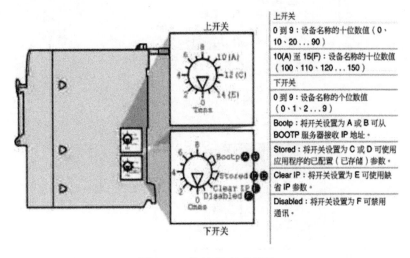

图 5.28　恢复 IP 缺省设置

打开 Unity Pro xl,单击文件选择新建,在新项目对话框中,选择所安装的 CPU 模块型号(图 5.29,本例使用的是 20302),确定后即生成了最初的工程文件。

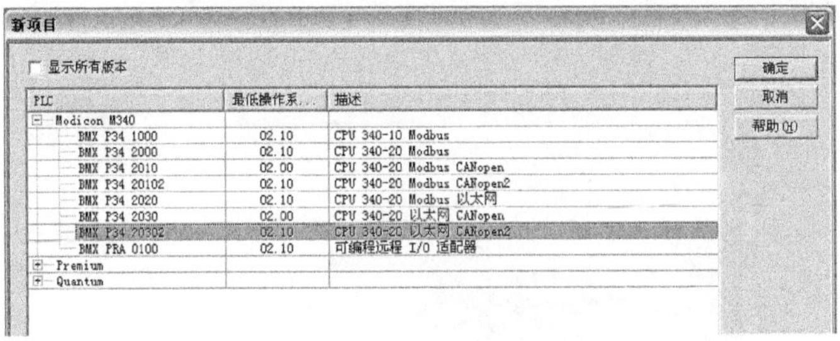

图 5.29　CPU 模块型号选择

接着需要为系统添加 0110 模块(用户需在工程中手动添加新增的硬件),方法是:单击并展开项目浏览器中的 BMX XBP 0800,可以看到系统里已有的电源 CPS 2000 及刚才选择的 CPU 20302,如图 5.30 所示。

双击 CPS 2000,在右侧的硬件编辑器栏显示了图形化的机架现状,此时鼠标移至 1 号槽位(图 5.31),右击选择新设备,弹出新设备对话框,找到通信子项并展开,选择通信模块(这里是 0110,图 5.32),确定后新硬件即添加完成。

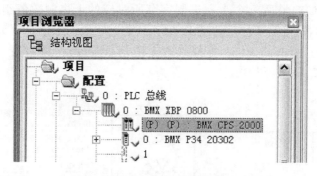

图 5.30　配置界面

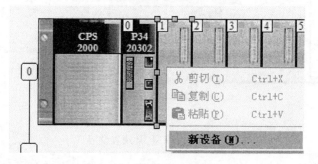

图 5.31　添加模块

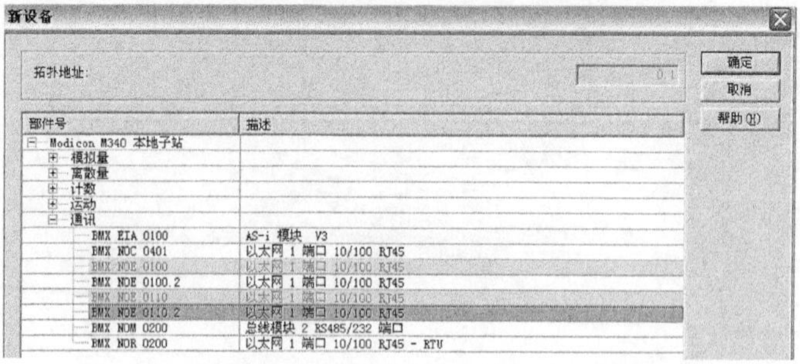

图 5.32　选择通信模块

　　然后需要配置 PLC 的网络参数,方法是:在项目浏览器中找到通信,打开后,右击展开的网络,选择新建网络,在弹出的对话框中,下拉可用网络列表,选择以太网(若机架上没有其余通信模块,那么也只有这一项可选),在更改名称中为新建网络命名,确定后,可以看到网络文件夹下新增了一项配置文件,但这项文件上标记了一个小叉(图 5.33)。

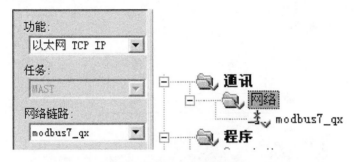

图 5.33　配置网络参数

　　这是因为这个配置文件未与 0110 模块关联,现在回到硬件编辑器,打开 NOE 0110.2 配置界面(在配置中双击 BMX NOE 0110.2)。选择信道 0,在激活的配置菜单中选择功能及刚添加的网络配置,再回到网络界面,此时 modbus7_qx 配置已关联至模块。

　　现在尝试在 PC 与 PLC 间建立连接:在软件最上方的下拉标签中找到“PLC”,单击并选择“设置地址”(图 5.34),在对话框中只需对 PLC 框进行操作,在地址栏键入 84.6.132.205(Clear IP 后的默认 IP,也可键入已知 IP),介质栏选择 TCPIP,在确认物理链路及机架各模块均无误后,单击测试连接按钮,若目前各步骤均无误,应连接成功并提示(图 5.35)。

图 5.34　设置地址图示

　　提示:若步骤均正确(含目标 IP 无误),但仍无法连接,可能是 PC 与 PLC 不在一个网段内,要确保子网掩码与 IP 相与后的字段一致,如子网掩码 255.255.0.0,那么需要确保两端 IP 中×.×.×.×前面两段一致。

　　连接成功后,往往需要修改 PLC 端 IP,最终达到 PC 端与 Modbus/TCP 从站设备的互连,步骤是:双击网络配置文件(这里是 modbus7_qx),第一个选项框即为 IP 配置项目(图 5.36),对各项进行设定(以太网配置项不变:以太网Ⅱ),保存。

图 5.35　连接成功图示

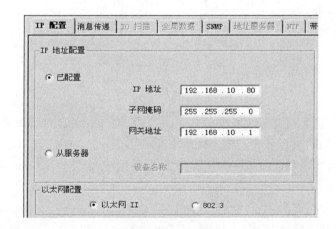

图 5.36　IP 地址配置

然后在功能标签中选择生成——重新生成所有项目,如图 5.37 所示。

图 5.37　重新生成所有项目图示

因为之前地址设置正确,故直接在 PLC 下拉栏中选择连接(图 5.38),如果连接正确,界面底部的状态栏会由离线转为显示当前状态(图 5.39)。

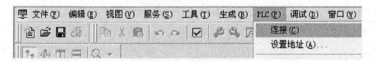

图 5.38　PLC 连接图示

图 5.39　状态栏图示

接着选择将项目传输到 PLC,如图 5.40 所示。可以发现在传输对话框中 Unity Pro 提供原本装载在 PLC 中工程的版本号及装载日期,若无须保留备份,直接单击传输按钮,最后不要忘了把下开关拨回 stored 卡口。

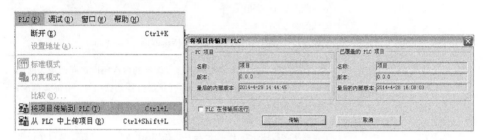

图 5.40　项目传输到 PLC 图示

至此已完成各部分的配置,用 CTRLink 把各路设备通过 RJ45 连接在一起,上电,运行,它们已基于 Modbus/TCP 协议通信了。

4. 系统调试与测试

1) I/O 扫描

I/O 扫描的作用是:通过标识授权且已连接的设备,在作相关的参数配置后,当 CPU 运行时,M340 将并发对这些设备的指定寄存器区进行数据读写(0110 模块支持最大设备数:64;最大输入/输出字数:2048),这种功能在本书中作为测试网络组建成功的一种手段,具体配置及测试流程如下:

(1) 双击 modbus7_qx 配置文件,在右侧的配置界面中激活 I/O 扫描功能,如图 5.41 所示。

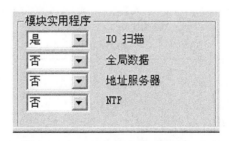

图 5.41　激活 I/O 扫描

(2) I/O 配置表中每项的定义如表 5.3 所示。

表 5.3　I/O 配置表每项定义

参数	描述
条目编号	每个条目代表网络上的一个逻辑设备(有效值范围为 1~64)
IP 地址	IP 地址字段用来列出扫描的以太网从站设备的 IP 地址
单元 ID	单元 ID 字段用于在连接到以太网/Modbus 网关的设备的从站地址与 IP 地址之间建立关联(到以太网的连接通过桥接器实现)。 值的范围为 1~255; 默认值为 255; 当使用桥接器时,请在此字段输入桥接器序号(1~255)
运行状况超时	运行状况超时字段用于设置来自远程设备的两次响应之间的最大时间间隔。超过这一配置的时限后,运行状况位需切换为 0。可配置范围: 1ms~2s(以 1ms 递增)
重复速率	重复速率字段用于在 IP 地址与其扫描周期之间建立关联。从每个设备扫描数据的速率在 0ms~1s(从 1ms 递增)
主站 RD(读)和 WR(写)参数: 读主对象 写主对象	读主对象和写主对象参数给出了为设备保留的各地址范围的起始地址: 读主对象:从各设备读取的数据在 CPU 中的目标地址; 写主对象:对每个设备执行的写操作所使用的在 CPU 中的源地址。 无法访问这些参数,通过自动计算以下两部分之和可得这些参数: 读取引用表和写入引用区域的起始地址; 读长度和写长度字段中的值
从站 RD(读)和 WR(写)参数: 读从站索引 写从站索引 读长度 写长度	这些字段对应于待扫描的远程设备要读取和写入的第一个字的索引: 读从站索引:读取期间 I/O 模块的源地址; 写从站索引:指定要写入的第一个字的地址; 读长度:指定要读取的字数; 写长度:指定要写入的字数
上次值(输入)	此字段用来配置当访问远程设备出现错误时将如何处理输入: 设置为 0:还原为 0; 保留最后一个:保留上次的值

　　这里需特别注意的是涉及 CPU 内存区的各表不能重叠(读取引用和写入引用区域不能重叠),即配置完后要做溢出检查。

　　(3) 图 5.42 是本例的配置表,在基本了解配置表以后,首先在主设备％MW 区中分别设置读取数据和发送数据(它们分别被存放的 CPU 寄存器位),如图 5.42 所示读取设置,则表示被读取进来的数据将依次放置在 CPU％MW5~％MW20 这段区域中(步骤(2)中说的表不能重叠即指这里)。

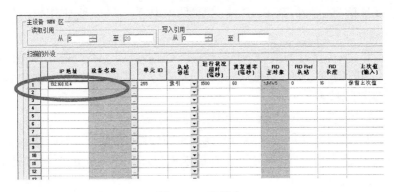

图 5.42　配置表

（4）接着具体设置外设各项参数：以第 1 行为例，由本体向 192.168.10.5 发出一个连接，此 IP 的 ID 标识为 5，若 5 号设备超过 1500ms 不作回应，则本体此运行状况位切为 0 状态，此连接每 100ms 对设备轮询一次，命令为对 5 号设备的从 0 地址寄存器位连续读 125 个字（按 Modbus 规约上限）的数据存放到本体 MW0～MW124 寄存器位。依次类推，配置总体是对 5 号机 8 个读连接，对 4 号机 4 个写连接。

（5）全部设置完毕后，依旧重新编译所有项目，下载，运行后，通过对从站设备的监视，能看到数据传输准确与否，可验证 Modbus/TCP 网络是否组建成功。

2）Unity 调试工具

Unity 本身提供了简单可视的调试工具，打开机架 0110 模块，如图 5.43 所示，切换至调试标签，在调试窗口共显示了 5 个视窗：地址信息/消息/通信量/I/O扫描/全局数据，它们的功能及操作方法如下：

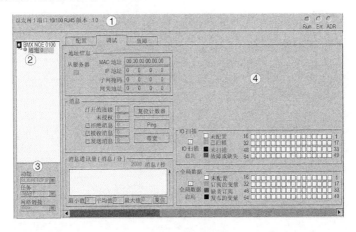

图 5.43　调试工具

（1）地址信息：显示 TCP/IP 调试参数，具体为 MAC 地址/IP 地址/子网掩码/网关地址。

（2）消息：显示打开的 TCP/IP 链接/未授权的 TCP/IP 链接/已拒绝的 TCP/IP 消息/已接收的 TCP/IP 消息/已发送的 TCP/IP 消息；本视窗同时包含了 3 个按钮，其作用分别如下：

① 复位计数器：按下此按钮可将计数器复位为 0。

② PING：通过此功能测本体与其他设备间的路由情况。例如，输入 3 号机 IP（图 5.44）单击确定按钮，出现等待处理请求窗口，若通信成功，则予以提示，单击确定按钮，毫秒字段显示用时。

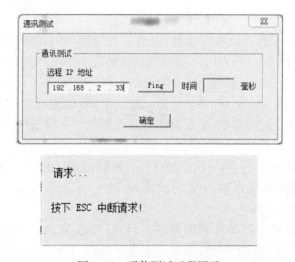

图 5.44　通信测试过程图示

③ 带宽：实时地动态显示每秒接收消息数，如图 5.45 所示。

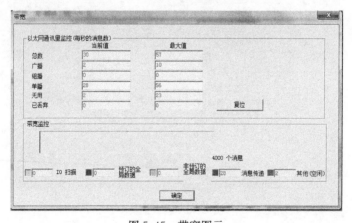

图 5.45　带宽图示

（3）通信量：以图形方式显示模块每秒处理（发送和接收）的消息数如图 5.46 所示。

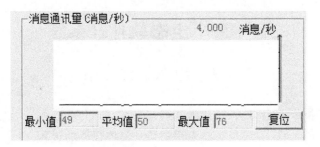

图 5.46 通信量图示

（4）I/O 扫描/全局数据：以块状方式显示每个已配置设备的状态，如图 5.47 所示。

图 5.47 设备状态图示

通过这种直观的手段，可以直接监控本体和网络的运行状态，当然也就验证了网络搭建与通信的正确性。

第 6 章　组态软件及系统

6.1　组态软件介绍

在使用工控软件中,人们经常提到组态一词,简而言之,所谓"组态",就是用应用软件中提供的工具、方法来完成工程中某一具体任务的过程。

在组态概念出现之前,要实现某一特定任务,一般而言是通过编写特定的程序(如 BASIC、C、FORTRAN 等)来实现的。像这样每次针对一个特定的任务去编写程序,不但工作量大、工作周期长、容易发生错误、不能保证工期,即使编完的程序也不能通用,而且由于其特殊性导致相对应的维护成本居高不下。而组态软件的出现,则充分解决了这些问题,一些过去需要数个月才能完成的工作,利用先进的组态软件往往几天之内就能完成。

"组态"的概念是伴随着集散型控制系统(distributed control system,DCS)的出现才开始被广大生产过程自动化技术人员熟知的。由于每套 DCS 都是比较通用的控制系统,可以应用到很多领域,为了使用户在不需要编代码的情况下,便可生成适合自己需求的应用系统,每个 DCS 厂商在 DCS 中都预装了系统软件和应用软件,而其中的应用软件,实际上就是组态软件,但一直没人给出明确的定义,只是将使用这种应用软件生成目标应用系统的过程称为"组态"。

组态的概念最早来自英文 Configuration,含义是使用软件工具对计算机及软件的各种资源进行配置,达到使计算机或软件按照预选设置,自动执行特定任务,满足使用者要求的目的。组态软件是面向监控与数据采集(supervisory control and data acquisition,SCADA)的软件平台工具,具有丰富的设置项目,使用灵活,功能强大。组态软件最早出现时,HMI(human machine interface)或 MMI(man machine interface)是其主要内涵,其主要是解决人机图形界面问题。随着它的快速发展,实时数据库、实时控制、SCADA、通信及联网、开放数据接口、对 I/O 设备的广泛支持已成为它的主要内容。

组态软件主要的组成包括图形界面系统、实时数据库系统、第三方程序接口组件、控制功能组件。组态软件的主要特点如下:

(1) 实时多任务。组态软件最突出的特点就是实时多任务。例如,数据采集与输出、数据处理与算法实现、图形显示及人机对话、实时数据的存储、检索管理、实时通信等多个任务在同一台计算机上同时运行。

(2) 高可靠性。高可靠性是工业自动化软件的一项重要性能指标。组态软件利用冗余技术构成双机乃至多机各用系统,从而获得很高的可靠性技术指标。

(3) 延续性和可扩充性。用通用组态软件开发的应用程序,当现场(包括硬件设备或系统结构)或用户需求发生改变时,不需作很多修改就能方便地完成软件的更新和升级。

(4) 封装性(易学易用)。通用组态软件所能完成的功能都用一种方便用户使用的方法包装起来,对于用户,不需掌握太多的编程语言技术(甚至可以不需要编程技术),就能很好地完成一个复杂工程所要求的所有功能。

(5) 通用性。每个用户根据工程实际情况,利用通用组态软件提供的底层设备(PLC、智能仪表、智能模块、板卡、变频器等)的 I/O 驱动、开放式的数据库和画面制作工具,就能完成一个具有动画效果、实时数据处理、历史数据和曲线并存、具有多媒体功能和网络功能的工程,在某一领域内使用不受限制。

6.2　三维力控软件介绍

北京三维力控科技有限公司(以下简称力控科技)是专业从事自主知识产权的企业信息化与自动化监控平台研发与服务的高新技术软件企业,是中国知名的工业 IT 软件厂商,力控科技的系列自动化软件可以为企业生产信息化提供"管控一体化"的整体解决方案,为企业 MES 系统提供核心实时和历史数据"引擎"平台。力控科技很早就深刻地认识到:软件是自动化系统的核心与灵魂。力控科技在自动化系统核心软件领域耕耘 10 余年,不断地研发新技术、推出新产品,以成为工业自动化领域中中国的西门子、中国的 ABB 为使命。

力控科技以企业级实时历史数据库及管理系统和 HMI/SCADA 监控组态软件为主导的产品线覆盖了企业的控制层、监控层和管理层等多方面,且全部产品具有很强的市场竞争力和广泛的市场影响。

三维力控产品发展历程如下:

1992 年:诞生了力控的 DOS 版本。

1994 年:基于 16 位的 Windows(3.1)的力控版本形成。

1996 年:基于 32 位的 Windows(95)的力控 1.0 形成。

1999 年:力控 1.2 版本推出,并在中国石油大庆天然气公司广泛应用。

2000 年:力控 2.0 推出,同时出版了《监控组态软件及应用》一书。

2001 年:力控"软"策略 PC 控制软件推出。

2002 年:力控 2.6 推出,北京三维力控正式成立。

2004 年:力控 3 系列软件推出。

2005 年:力控 pFieldcomm®网关软件推出。

2006 年:力控 5.0 版本软件推出。

2007 年：力控 6.0 版本软件推出。

2008 年：力控 6.1 版本软件推出。

三维力控电力版 pNetPower 特点如下：

（1）面向电力系统间隔层的实时数据库针对电力四遥、报警事件专门设计的数据类型和数据处理方式间隔模板帮助用户快速大量地进行数据库组态。

（2）强大的人机界面开发系统，可以制作各种丰富的画面。

（3）内嵌功能强大的脚本编译系统。支持函数及方法、变量间接寻址、面向对象设计，极大程度地方便用户进行复杂功能的二次开发。

（4）持定值在线管理及 Comrade 故障录波分析。

（5）强大的报表工具支持电力系统运行报表及各种生产统计报表的开发。

（6）支持职能操作票。

（7）用户管理系统分为功能权限区和操作区。

（8）优秀的分布式网络架构，支持双机、双网、C/S、B/S 等网络架构。

（9）支持以下电力行业采集规约和转发规约：CDT 规约、IEC870-5-101/102/103/104 规约、DNP3.0 规约、SC1801 规约、Modbus/JBus（RTU/ASCII/TCP）规约、部颁多功能电能表规约、CAN Bus 规约、LonWorks 规约、CDT 转发、IEC8705-101/104 转发规约等。

（10）支持 Web 门户的构建，具有强大的企业信息门户——Web Server。Web 页面与过程画面高度同步安全机制完善，开放性良好，采用 Web Service 技术，支持 SOAP 协议，支持 IIS 服务器发布。

6.3　组态软件开发

6.3.1　Modbus 现场总线的组态软件接入

1. 创建一个新的应用

创建新的应用程序工程的一般过程是：绘制图形界面、创建数据库、配置 I/O 设备并进行 I/O 数据连接、建立动画连接、运行及调试。图 6.1 是采集数据在力控科技各软件模块中的数据流向图。

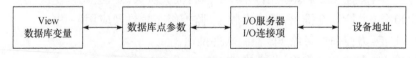

图 6.1　采集数据流向图

要创建一个新的应用程序，首先就要为之指定工程路径，不同的工程使用不同的路径。每个应用里面一般都包括设备驱动、区域数据库、监控画面开发、数据连接四部分;其中区域数据库提供了数据处理的手段,是整个分布式网络服务的核心。

2. 确定工程目标

根据实际要求确定工程目标,如测量电压、功率或者监控各个所需要的数据,然后根据实际要求在力控中创建需要的画面,以便监测管理。

3. 建立新工程

通过工程管理器建立新工程并指定工程的名称和工作路径,不同的工程放在不同的路径下。不过一般情况下打开新建系统自动将新建的工程放在不同的路径下,如图 6.2 所示。

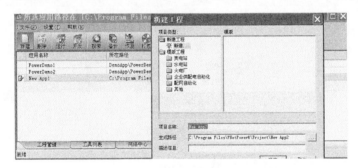

图 6.2　新建工程

4. 创建组态界面

在系统中可以为每个工程建立无限数目的画面,在画面上可以组态相互关联的静态或动态图形,这些图形可以用力控开发系统提供的各种工具和图形组态,如图 6.3 所示。

5. 设备的添加

外部所要连接的设备,首先要根据说明设定好波特率,并为设备设定好地址,以后参数的设置要与之保持一致。在正式接入力控软件之前最好先用 Commix 工业控制串口调制工具进行调试,确保通信无误。

在力控软件开发界面的工程项目中选择数据库组态并双击数据库组态,如图 6.4 所示。

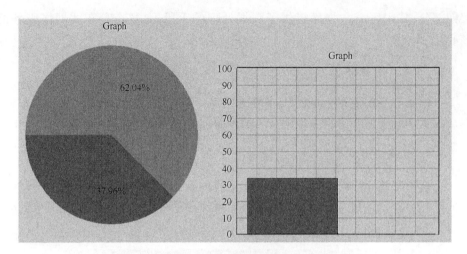

图 6.3　组态界面创建

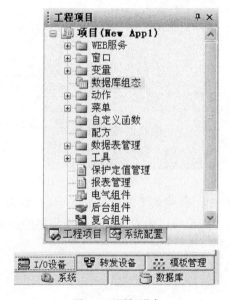

图 6.4　添加设备

　　单击 I/O 设备,在弹出窗口中选择 Modbus,并双击 Modbus(RTU 串行口),在弹出窗口中进行参数设置。其中一个 I/O 驱动程序可以连接多个同类型而不同 I/O 地址的设备。相同 I/O 地址的设备中多个数据可以与力控数据库建立连接,如果对同一个 I/O 设备中的数据要求不同的采集周期,可以为同一个 I/O 地址的设备定义多个不同的设备名称,使同一个 I/O 地址不同设备名称的数据具有不同的采集周期。

连接一台安科瑞的智能电力监控仪表,在其仪器上设置其设备地址为 04,波特率为 9600,则双击 Modbus(RTU 串行口)后,如图 6.5 所示。

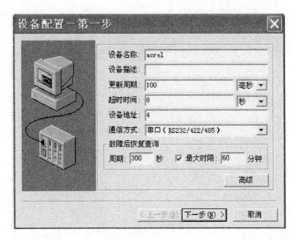

图 6.5　设备配置第一步

设备名称:指定要创建的 I/O 设备的名称,这里设备名称可以自己任意填写。

设备描述:I/O 设备的说明,可指定任意字符串。

设备地址:设备的编号,需参考设备设定参数来配置。这要根据设备里面自己设的地址来定,设备里面都有专门的地方来设置地址。

更新周期:I/O 设备在处理两次数据包采集任务时的时间间隔,一般情况下,在一个更新周期内,只能处理一个数据包,更新周期的设置一定要考虑到物理设备的实际特性,对有些通信能力不强的通信设备,更新周期设置过小,会导致频繁采集物理设备,对于部分通信性能不高的设备,会增加设备的处理负荷,甚至出现通信中断的情况。更新周期可根据时间单位选择毫秒、秒、分钟等。一般来说更新周期都选择 100,但也有要根据实际情况来定,若是 100 还是出现通信中断的情况,可以根据实际情况再进行添加周期的长度。即三维力控访问两个数据包的时间间隔,它与扫描周期的区别为,更新周期为处理的两个数据包的时间间隔,而扫描周期为访问两台设备的时间间隔,更新周期可以在一台设备里面进行多个数据包的处理,所以更新周期的设置要与所连设备的特性相关联。

超时时间:在处理一个数据包的读、写操作时,等待物理设备正确响应的时间。

故障后恢复查询周期:对于多点共线的情况,如在同一 RS485/422 总线上连接多台物理设备时,如果有一台设备发生故障,驱动程序能够自动诊断并停止采集与该设备相关的数据,但会每隔一段时间尝试恢复与该设备的通信。间隔的时间即为该参数设置,时间单位为秒。

故障后恢复查询最大时限:若驱动程序在一段时间之内一直不能恢复与设备

的通信,则不再尝试恢复与设备通信,这一时间就是指最大时限的时间。

　　其中更新周期一般改为 100 以防更新过快系统跟不上速度,设备地址即为在设备上设置好的 04。然后单击高级进行进一步设置,如图 6.6 所示。

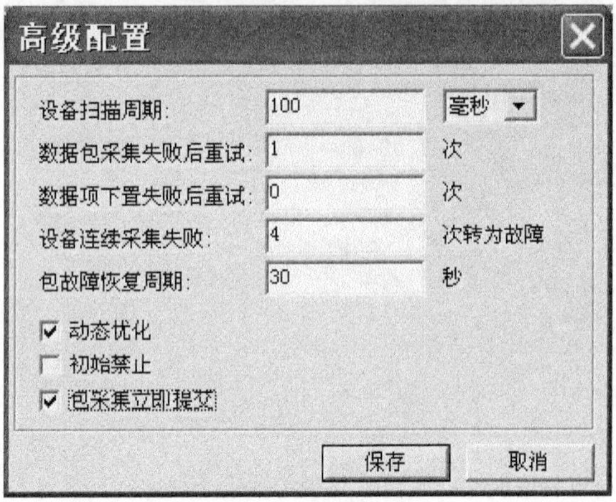

图 6.6　高级配置

　　设备扫描周期:每次处理完该设备采集任务到下一次开始处理的时间间隔。这里一般设为默认值。即三维力控软件访问的两台设备之间的时间间隔,只要不太慢即可。

　　数据包采集失败后重试()次:力控驱动程序在采集某一数据包如果发生超时,会重复采集当前数据包。重复的次数即为该参数设置。

　　数据包下置失败后重试()次:力控驱动程序在执行某一数据项下置命令时发生超时,会重复执行该操作。重复的次数即为该参数设置。

　　设备连续采集失败()次转为故障:驱动程序内部对每个逻辑设备都设置了一个计数器,记录设备连续产生的超时次数(无论是不是同一个数包产生的超时,都会被计数器累计)。当超时次数超出该参数设置后,这个逻辑设备即被标为故障状态。处于故障状态的设备将不再按照"更新周期"的时间参数对其进行采集,而是按照"故障后恢复查询"的"周期"时间参数每隔一段时间尝试恢复与该设备的通信。

　　包故障恢复周期:在一个逻辑设备内如果涉及对多个数据包的采集,当某个数据包发生故障(如 Modbus 设备中某个数据包指定了无效的地址)时,驱动程序能够自动诊断并停止采集该数据包,但会每隔一段时间尝试与该数据包的通信。间隔的时间即为该参数设置,时间单位为秒。

　　动态优化:该参数用于优化、提高对设备的采集效率。采用动态优化后,进行组态演示时,会只扫描与所建的设备有关的数据,从而使得采集速度大大提高。

初始禁止:选择该参数选项后,在开始启动力控运行系统后,驱动程序会将该设备置为禁止状态,所有对该设备的读写操作都将无效。若要激活该设备,需要在脚本程序中调用 deviceopen()函数。该选项主要用于在某些工程应用中,虽然系统已经投入运行,但部分设备尚未安装、投用,需要滞后启用的情况。这个不能勾选。

包采集立即提交:在缺省情况下,当一个数据包采集成功后,驱动程序并不马上将采集到的数据提交给数据库,而是当该设备中的所有数据包均完成一次采集后,才将所有采集到的数据一次性提交给数据库。这种方式可以减少驱动程序与数据库之间的数据交互频度,降低计算机系统的负荷。但对于某些采集过程较为缓慢的系统(如 GPRS 通信系统),用户对"更新周期"参数的设置一般都较长(可能达到几分钟),如果设备包含的数据包又较多,这种情况下整个设备的数据更新速度就会较慢。此时启用该参数设置,就可以保证每个数据包采集成功后立刻提交给数据库,整个设备的数据更新速度就会大大提高。

勾选动态优化和包采集立即提交可以提高动画速度,特别是勾选动态优化后可以在演示时系统只选择与之有关的数据,而不用把系统中所有的数据扫描一次,可节约很多时间。

点击"下一步",进入"设备配置第二步",如图 6.7 所示。

图 6.7　设备配置第二步

串口:串行端口。点击串口后方"设置"按钮,弹出"串口设置"对话框,如图 6.8所示。可选择范围为 COM1~COM256。这里串口要选择与计算机相同的串口,当在不同的计算机上运行力控时,选择的串口也不一样。

图 6.8　串口设置

串口参数的设置一般与所连接的 I/O 设备的串口参数一致。

波特率需与设备设置的波特率一致。

奇偶校验是一种校验代码传输正确性的方法,根据传输的二进制代码里 1 的个数是奇是偶来验证代码传输的是否正确。

数据位一般指传输的位数,个数可以是 4、5、6、7、8 等,构成一个字符。这里 Modbus 选择 8 位数据位。

停止位是一个字符数据的结束标志。可以是 1 位、1.5 位、2 位的高电平。这里用的是 1。

不同的通信协议要选择不同的奇偶校验、数据位和停止位。

启用备用通道:选择该参数,将启用串口信道的冗余功能。

启用备用通道/设置:对所选备用串行端口设置串口参数。

RTS:选择该参数,将启用对串口的 RTS 控制。

RTS/发送前 RTS 保持时间:在向串行端口发送数据前,RTS 信号持续保持为高电平的时间,单位为毫秒。

RTS/发送后 RTS 保持时间:在向串行端口发送完数据后,RTS 信号持续保持为高电平的时间,单位为毫秒。

连续采集失败()次后重新初始化串口:选择该参数后,当数据采集连续出现参数所设定的次数的失败后,驱动程序将对计算机串口进行重新初始化,包括关闭串口和重新打开串口操作。

串口的选择是根据所用的计算机来确定的。

设备配置第三步如图 6.9 所示。用户需要根据设备的具体情况设定其处理 32 位浮点数和 32 位整型数据时四个字节的排列顺序;设备是否支持 6 号命令和 16 号命令。包最大长度和包偏移间隔一般都设为 1,可以加快信息传递的速度,支持 6 号命令是指需要用 simatic net 的 opc 功能,即支持写的功能。支持 16 号命令预置多寄存器把具体的二进制值装入一串连续的保持寄存器。因为每次修改一个数值,所以这里选择支持 6 号命令。32 位浮点数和 32 位整型数的读取,这里是指读取设备里的数据的四个字节的顺序,这里设置的必须与设备里的数据输出顺序一致,否则读取的数据不对,有的设备输出为浮点数,有的则为整型数,这里两者皆选择即整型数、浮点数均可以读取。包最大长度的处理要根据设备来进行设置,这个可以根据设备演示的情况来进行调节。

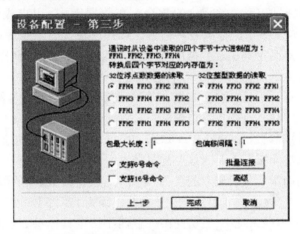

图 6.9　设备配置第三步

协议配置如图 6.10 所示,其中字节顺序和寄存器地址格式都要根据具体设备来进行选择。

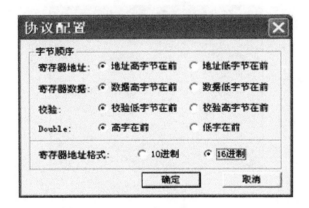

图 6.10　协议配置

6. 数据库组态

数据库点类型是实时数据库 DB 对具有相同特征的一类点的抽象。DB 预定义了一些标准点类型,利用这些标准点类型创建的点能够满足各种常规的需要。

对于较为特殊的应用,可以创建用户自定义点类型。

实时数据库 DB 提供的标准点类型有模拟 I/O 点、数字 I/O 点、累计点、控制点、运算点等。不同的点类型完成的功能不同。例如,模拟 I/O 点的输入和输出量为模拟量,可以完成输入信号量程变换、小信号切除、报警检查,输出限值等功能。数字 I/O 点输入值为离散量,可以对输入信号进行状态检查。

点是一组数据值(称为参数)的集合。在数据库中,用户操纵的对象是点(TAG),系统也以点为单位存放各种信息。点存放在实时数据库的点名字典中。实时数据库根据点名字典决定数据库的结构,分配数据库的存储空间。用户在点类型组态时决定点的结构,在点组态时定义点名字典中的点。

点参数是含有一个值(整型、实型、字符串型等)的数据项的名称。如 PV. DE-SC 等。在点名字典中,每个点都包含若干参数。力控数据库系统提供了一些系统预先定义的标准点参数,如 NAME. DESC. PV 等;用户也可以创建自定义点参数。

对一个点的访问实际上是对该点的具体某一参数的访问;对一个参数值进行访问时也必须明确指定其所属点的名称。采用"点名. 参数名"的形式访问点及参数,如"TAG 1. PV"表示点 TAG1 的 PV 参数。因为 PV 参数代表过程测量值,经常被访问,因此在力控系统中,当访问某一点而小指定具体参数名时,均表示访问的是 PV 参数。如访问"TAG 1"即表示访问的是 PV 参数。

点击左下角数据库,再点击第一个按钮新建,则会出现图 6.11 所示的图界,选择遥测量,添加访问的参数:

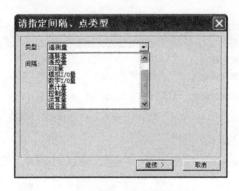

图 6.11　指定间隔

遥测量:远程测量信号。

遥信量:远程状态信号。

遥脉量:远程脉冲信号。

遥控量:远程控制信号。

模拟 I/O 量:模拟开关量。

数字 I/O 量:数字开关量。

间隔只有站级变量。

新增点类型操作如图 6.12 所示。

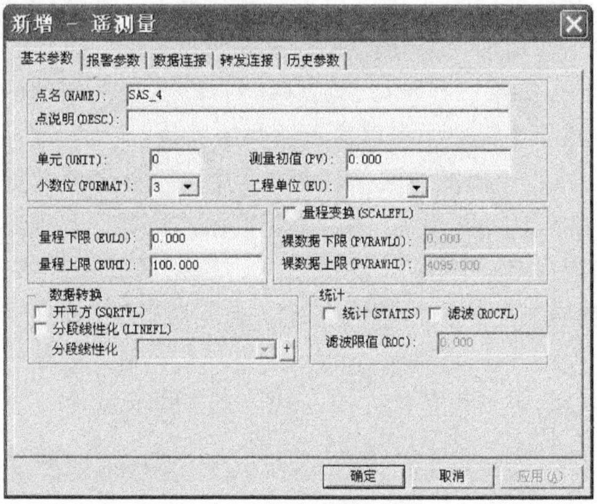

图 6.12　新增点类型后界面

在"点名"项中指定测试点的名称(可任意指定)。

点说明(DESC):点的注释信息,最长不能超过 63 个字符,可以是任何字母、数字、汉字及标点符号。

单元(UNIT):点所属单元。单元是对点的一种分类方法。例如,在 VIEW 程序的总貌窗口上,可以按照点所属单元分类显示点的测量值。

小数位(FORMAT):测量值的小数点位数。注意:界面数据库变量显示的小数点位数需要画面文本生成时指定。

测量初值(PV):本项设置测量值的初始值。

工程单位(EU):工程单位描述符,描述符可以是任何字母、数字、汉字及标点符号。

量程变换(SCALEFL):如果选择量程变换,数据库将对测量值(PV)进行量程变换运算,可以完成一些线形化的转换。

开平方(SQRTFL):规定 I/O 模拟量原始测量值到数据库使用值的转换方式。转换方式有两种:①线性,直接采用原始值;②开平方,采用原始值的平方根。

分段线性化(LINEFL):在实际应用中,对一些模拟量的采集,如热电阻、热电偶等的信号为非线性信号,需要采用分段线性化的方法进行转换。用户首先创建用于数据转换的分段线性化表,力控将采集到的数据经过基本变换(包括线性/开平方、量程转换)后,然后通过分段线性表得到最后输出值,在运行系统中显示或用于建立动画连接。

分段线性化表:如果选择进行分段线性化处理,则要选择一个分段线性化表。要创建一个新的分段线性化表,可以单击右侧的按钮"+"或者执行菜单命令"工程/分段线性化表"后,增加一个分段线性化表。

统计(STATIS):如果选择统计,数据库会自动生成测量值的平均值、最大值、最小值的记录,并在历史报表中可以显示这些统计值。

滤波(ROCFL):将超出滤波限值的无效数据滤掉,保证数据的稳定性。然后单击"I/O设备连接"组中的"增加"按钮设置数据连接项。其他参数可采用缺省设置。最后单击"确定"按钮添加一个测试点。可根据需要添加多个测试点。其中,动画时显示的数据域实际的相差整倍数可以通过调节裸数据的上下限和量程上下限来进行调整。

增加点后,需要将点与设备相连接,如图6.13所示。

图6.13 参数连接

其中数据连接中设备是指在I/O设备中设置的对应的设备名称。

左侧列表框中列出了可以进行数据连接的点参数及其已建立的数据连接情况。对于测量值(即PV参数),有三种数据连接可供选择:I/O设备、网络数据库和内部链接。

I/O设备:表示测量值与某一种I/O设备建立数据连接过程(见其他参考内容)。

网络数据库:表示测量值与其他网络节点上力控数据库中某一点的测量值建立连接过程,保证了两个数据库之间的实时数据传输,若要建立网络数据库连接,必须建立"数据源"。

　　内部连接:对于内部连接,则不限于测量值。其他参数(数值型)均可以进行内部连接。内部连接是同一数据库(本地数据库)内不同点的各个参数之间进行的数据连接过程。

　　注意:对于测量值 PV,如果建立了某种类型的数据连接,则不能再同时进行其他类型的数据连接。如果此时进行其他类型的数据连接,DbManager 会提示您是否取消原类型的数据连接,更新为新类型的数据。

　　单击增加按钮出现图 6.14 所示的界面。

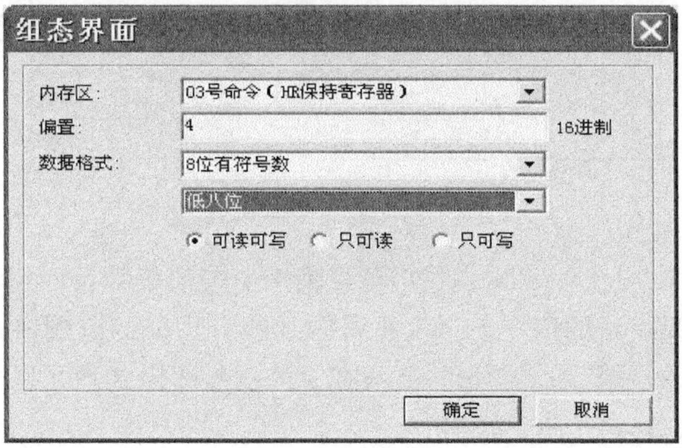

图 6.14　组态界面

　　内存区选择不同的命令执行不同的功能,这里用的是 HR 保持寄存器。执行读取保持寄存器命令。

　　数据格式是数据保存在文件或记录中的编排格式,有符号和无符号是针对二进制来讲的,无符号数的表数范围是非负数,即指全部二进制均代表数值,没有符号位。有符号位用最高位作为符号位,"0"代表"+","1"代表"-";其余数位用作数值位,这里要选择 8 位有符号数,其中偏置是指设置的寄存器地址,偏置一般以 0 为标准,但也有不同,有的设备需要在系统中的偏置设施与说明书中的相比加 1。原因就是其偏置基准为 1。

　　然后关闭设置页面,回到主页面,单击运行按钮就可以进行演示了。

　　另外,若是要设置报警则需要单击报警参数,勾选报警开关后会出现图 6.15所示的界面。

　　限值报警:限值报警的报警限(类型)有四个,即低低限(LL)、低限(LO)、高限(HI)、高高限(HH)。它们的值在变量的最大值和最小值之间,它们的大小关系排列依次为高高限、高限、低限、低低限。在变量的值发生变化时,如果跨越某一个限值,立即发生限值报警,某个时刻,对于一个变量,只可能越一种限,因此只产生一种越限报警。

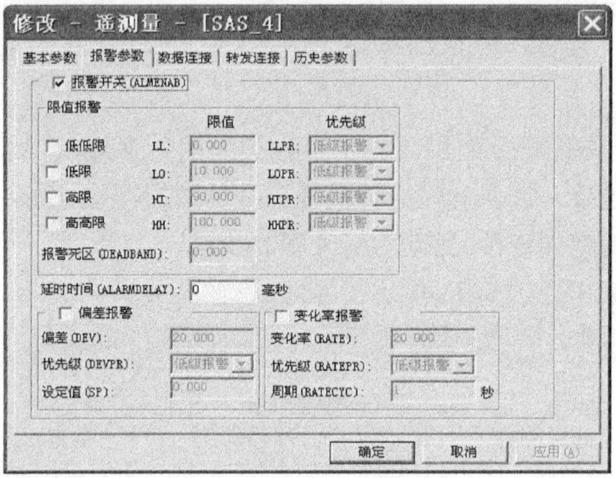

图 6.15　报警参数设置

报警死区(DEADBAND):是指当测量值产生限值报警后,再次产生新类型的限值报警时,如果变量的值在上一次报警限加减死区值的范围内,就不会恢复报警,也不产生新的报警,如果变量的值不在上一次报警限加减死区值的范围内,则先恢复原来的报警,再产生新报警。

变化率报警:变化率报警利用如下公式计算:(测量值的当前值-测量值上一次的值)/(这一次产生测量值的时间-上一次产生测量值的时间),取其整数部分的绝对值作为结果,若计算结果大于变化率(RATE)/变化率周期(RATECYC),则出现报警。

偏差报警:相对设定值上下波动的量超过一定量时产生的报警。

报警优先级:定义报警的优先级别,共有三个级别:低级、高级和紧急。这三个级别对应的报警优先级参数值分别是 1、2 和 3。

若要保存历史参数则单击历史参数,可以选择参数进行历史数据保存,以及保存方式及其相关参数(图 6.16)。

左侧列表框中列出了可以进行保存历史数据的点参数及其历史参数设置情况。

保存方式:保存方式有数据变化保存和数据定时保存。

数据变化保存:当参数值发生变化时,其值被保存到历史数据库中。为了节省磁盘空间,提高性能,可以指定变化精度,即当参数值的变化幅度超过变化精度时,才进行保存。

数据定时保存:每间隔一段时间后,参数值被自动保存到历史数据库中。在"每()秒"一项中输入间隔时间,单击"增加"按钮,便设置该参数为数据定时保存的历史数据保存方式,同时指定了间隔时间。单击"修改"或"删除"按钮,可修改间隔

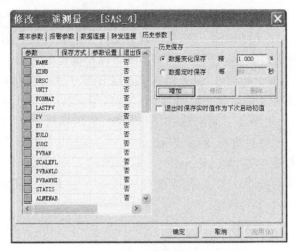

图 6.16　历史参数设置

时间或删除数据定时保存的历史数据保存设置。

　　选择了退出时保存实时值作为下次启动初值,则数据库在退出时自动将该参数的实时值保存到磁盘。当数据库下次启动时,会将保存的实时值作为初值。

6.3.2　Profibus-DP 现场总线的组态软件接入

　　Profibus 是一种国际化、开放式、不依赖于设备生产商的现场总线标准。其传送速度可在 9.6kbaud~12Mbaud 范围内选择且当总线系统启动时,所有连接到总线上的装置应该被设成相同的速度,是一种用于工厂自动化车间级监控和现场设备层数据通信与控制的现场总线技术。可实现现场设备层到车间级监控的分布式数字控制和现场通信网络,从而为实现工厂综合自动化和现场设备智能化提供可行的解决方案。Profibus 比 Modbus 有更快的传播速度,在这里用北京鼎实创新科技股份有限公司的 PB-B-Modbus 结合三维力控软件对通信协议为 Modbus 的产品用 Profibus 协议进行观察、监测、控制等。由于 Profibus 传输速率比 Modbus 传输速率快,因此可以节约时间。

　　这里用到的硬件设备为 CP5611 板卡、PC、232 转 USB 配适器(1 号线)、双头 9 针插头连接线(2 号线)、单头 9 针插头连接线(3 号线)、Modbus 转 Profibus 配适器、Modbus 协议通信的设备。

　　这里接的是 Modbus 协议通信设备,没有用 3 号线,不过有的 Profibus 协议通信的设备会用到。

　　CP5611 板卡是用于将 PC 连接至 Profibus 和 Simatic S7 的通信设备。1 号线将 RS232 接口转化为 USB 接口连接到计算机上,可以在计算机上看到 Modbus 侧的报文。

软件设备有 STEP7v5.4inclSP3、Simatic Net 2006、三维力控电力版。

其中,在 Simatic Manager 中将集中管理所有工具软件和数据,在其中新建一个 PC 站点对所有的 Simatic S7 成员、PC、网络以及其他的对象和程序进行组态。这里组态 CP5611 板卡和 OPC 服务器以及对以 CP5611 为主站的从站设备进行设置,这样就可以使得所有设备与软件之间进行通信。其中,OPC 服务器是为了连接数据源和数据的使用者之间的软件接口标准,这里通过 OPC 服务器就可以使 CP5611 与三维力控软件进行通信。Station Configaratior 是为了查看 CP5611 和 OPC 服务器运行是否正常。Simatic Net 是西门子的通信软件,这里它包含 CP5611 的通信板卡的驱动程序,需要用 Simatic Net 的 OPC 功能来让三维力控组态软件访问 CP5611 中的数据。

图 6.17 所示为接线图。

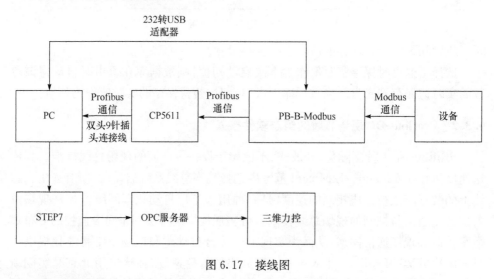

图 6.17　接线图

操作步骤如下。

1. 站点设置

(1) 打开 Simatic Manager 双击打开软件后出现图 6.18 所示的界面。这里要关闭向导使用 CP5611 进行配置。

(2) 打开新建,建立一个新的项目,如图 6.19 所示。

图 6.18　Simatic Manager 界面

图 6.19　新建项目

（3）单击确定按钮后，右击选择插入新对象 Simatic PC 站点，如图 6.20 所示。

这里把站点名字更改为 PC Station，是为了和后面的 Station Configuration 里面的名称保持一致，也可以不变更 Station Configuration 里面的名称，但需要保持一致。

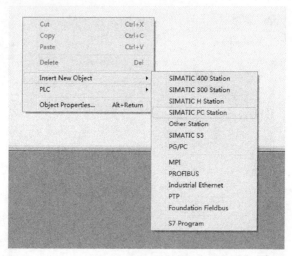

图 6.20　插入站点

2. 主站设置

（1）双击图标 PCStation，然后双击图标 组态，进行站点组态，如图 6.21 所示。

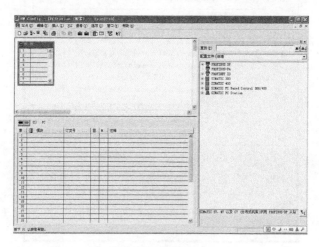

图 6.21　站点组态

（2）在（0）PC 中鼠标右击选择插入对象 User Application-OPC Sever-SW V6.0 SP4，如图 6.22 所示。

（3）同样在（0）PC 中右击选择插入对象 CP Profibus-CP5611-SW V6.0 SP4，如图 6.23 所示。

选择后会出现图 6.24 所示的界面。

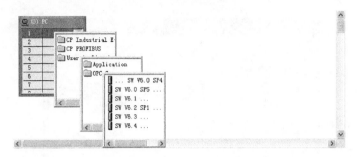

图 6.22 插入对象 User Application-OPC Sever-SW V6.0 SP4

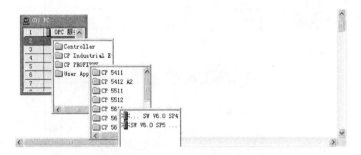

图 6.23 插入对象 CP Profibus-CP5611-SW V6.0 SP4

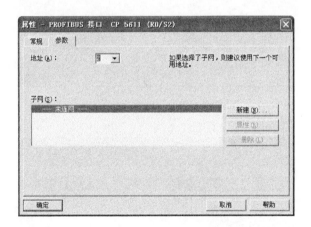

图 6.24 Profibus 接口属性

其接口可设为 2,单击新建按钮,如图 6.25 所示。单击网络设置,如图 6.26 所示。传输率设为 19.2kbit/s,单击确定按钮。右击 CP5611,执行主站系统→ OPC 服务器→确定命令,如图 6.27 所示。

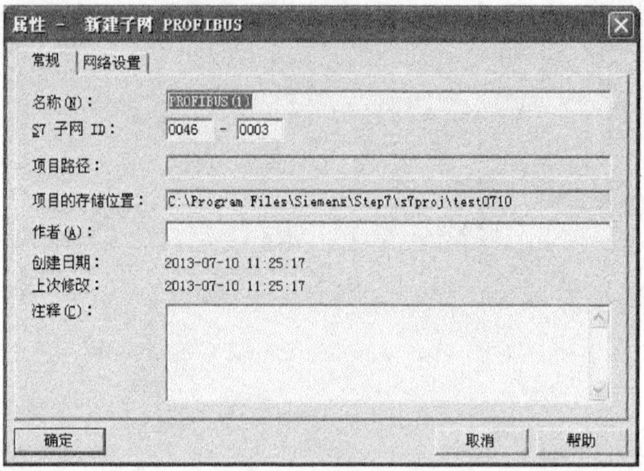

图 6.25　新建子网

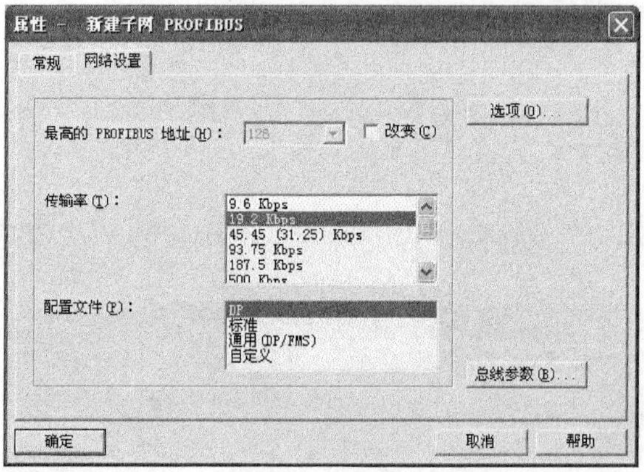

图 6.26　网络设置

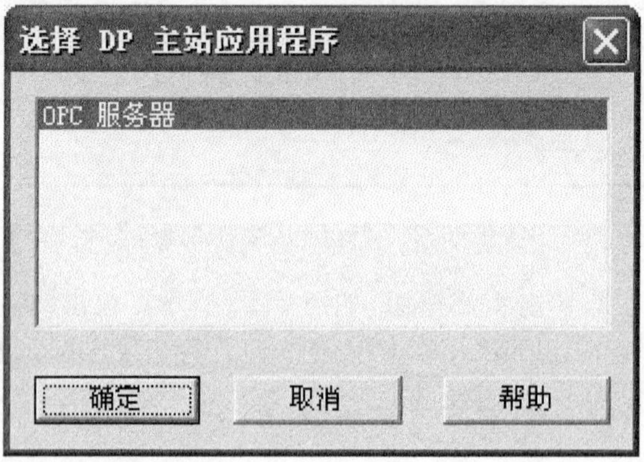

图 6.27　添加 OPC 服务器

3. 添加设备

（1）在选项中选择安装 GSD 文件，单击上面选项一栏，找到安装 GSD 文件，如图 6.28 所示。

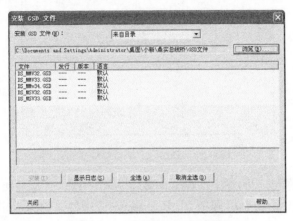

图 6.28　寻找安装 GSD 文件

选择 DS_MMV32.gsd，确认安装。安装完成后关闭。

（2）在右侧菜单栏，找到添加的设备，使用左键拖到主站进行设置，如图 6.29 所示。

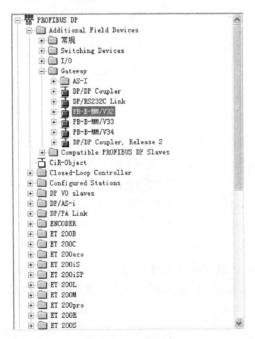

图 6.29　添加设备

（3）拖进去之后，出现图 6.30 所示的界面。

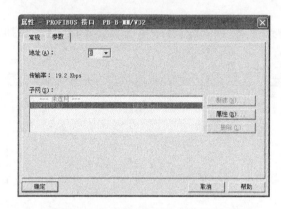

图 6.30　Profibus 接口属性界面

这里的地址要与拨码盘上面设置的数字保持一致。完成后出现图 6.31 所示的界面，至此设备添加成功，即把 PB-B-Modbus 配适器接进去，如图 6.31 所示。

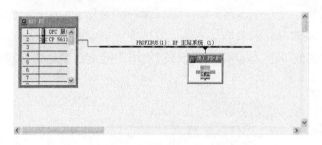

图 6.31　添加 PB-B-Modbus 配适器

4. 从站配置

（1）双击从站系统对从站进行参数设置，如图 6.32 所示。

（2）选择参数赋值，对参数进行设置，如图 6.33 所示。

这里波特率的设置和校验参数的设置均与所连设备里面的参数保持一致。

① 配置 RS232 波特率：选中"波特率 Baudrate"→"Value"，本产品支持 2400-57.6K。

② 选择"校验"：同①选择"校验 Parity"，支持 8 位无校验 1 个停止位、8 位偶校验 1 个停止位、8 位奇校验 1 个停止位和 8 位无校验 2 个停止位。

③ "主/从"：产品设置成主站，使用 GSD 文件 DS_MMV3x. GSD，只能选择 Modbus 主站方式。

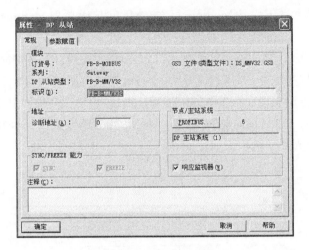

图 6.32　从站参数配置

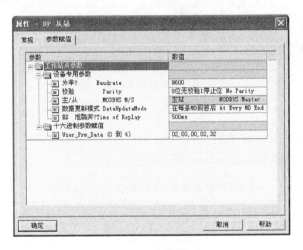

图 6.33　参数设置

④ 数据更新模式:在每条 MD 回答后 At Evry MD End 在 Modbus 扫描器完成每一条 Modbus 通信命令后,就进行一次 Profibus 和 Modbus 数据区数据交换,这是缺省方式。这种方式保证以最快速度传递 Profibus 主站到 Modbus 设备之间的数据。

在 MD 扫描结束后 At MD_scan End 在 Modbus 扫描器完成整个一次 Modbus 报文队列扫描后,进行一次 Profibus 和 Modbus 数据区数据交换。这种方式保证了 Modbus 通信数据的完整性。

⑤ 等待回答时间 Time of ReplayM_Tsdr:总线桥发出 Modbus 报文后等待 Modbus 设备回答的时间。当 Modbus 设备超过 M_Tsdr 时间还没有回答,总线桥

停止等待,继续发送下一条 Modbus 报文。M_Tsdr 通常与 Modbus 设备有关。本产品选择范围为 10ms 至无限期等待回答。

(3) 配置 PB-B-Modbus/V32 的 Modbus 报文队列,PB-B-MM/V32 有 0♯～38♯共 39 个槽(逻辑上,非物理设备),0♯、1♯槽已占用,剩下 37 个槽提供用户使用。每个槽可以用来插入一条 Modbus 通信模块(报文),所以一共可以插入 37 条 Modbus(报文)。PB-B-MM/V32 的每一个 Modbus 模块对应一种功能的 Modbus 报文,可双击插入某一槽中。如图 6.34 所示。

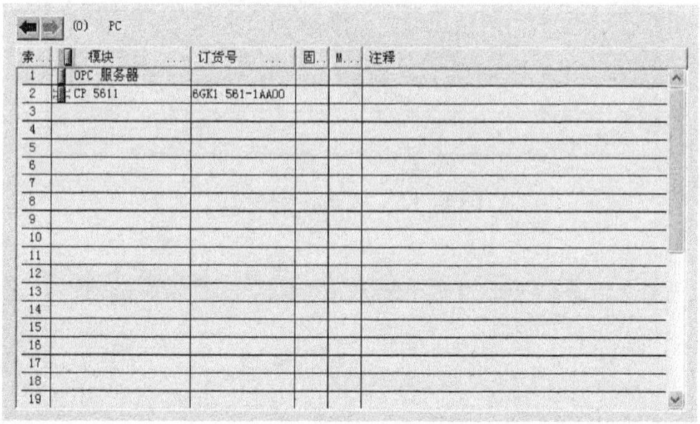

图 6.34　插入 Modbus 报文

可以根据所要实现的功能在右侧进行选择,双击插入槽中。

表 6.1 所示为模块与 Modbus 报文类型对应关系。

表 6.1　模块与 Modbus 报文类型对应关系

模块	对应的 Modbus 报文功能及存储区	需要进一步的配置参数
read X bits(0xxx) X＝8～256	01h 功能,读取 X 个输出线圈 0xxx 状态	(1) Modbus 从站地址 0～255; (2) 输出线圈 0xxx 起始地址 0～65535
read X bits(1xxx) X＝8～256	02h 功能,读取 X 个输入线圈 1xxx 状态	(1) Modbus 从站地址 0～255; (2) 输出线圈 1xxx 起始地址 0～65535
read X words(4xxx) X＝1～60	03h 功能,读 X 个保持寄存器 4xxx 的值	(1) Modbus 从站地址 0～255; (2) 保持寄存器 4xxx 起始地址 0～65535
read X words(3xxx) X＝1～60	04h 功能,读 X 个输入寄存器 3xxx 的值	(1) Modbus 从站地址 0～255; (2) 输入寄存器 3xxx 起始地址 0～65535
Write X bits(0xxx) X＝8～256	0Fh 功能,将 X 个连续线圈 0xxx 强置为 ON/OFF 状态	(1) Modbus 从站地址 0～255; (2) 输出线圈 0xxx 起始地址 0～65535

续表

模块	对应的 Modbus 报文功能及存储区	需要进一步的配置参数
Write X bits(4xxx) X=1~60	10h 功能,预置从站 X 个保持寄存器 4xxx 值	(1) Modbus 从站地址 0~255; (2) 保持寄存器 4xxx 起始地址 0~65535
Force single bit (05h Command)	05h 功能,强置单线圈 0xxx 值	(1) Modbus 从站地址 0~255; (2) 输出线圈 0xxx 起始地址 0~65535
Set single word (06h Command)	06h 功能,预置单保持寄存器 4xxx 值	(1) Modbus 从站地址 0~255; (2) 保持寄存器 4xxx 起始地址 0~65535

这里选择设备读的功能,所以是双击 read 1 words(4xxx)。

双击 read 1 words(4xxx),如图 6.35 所示。

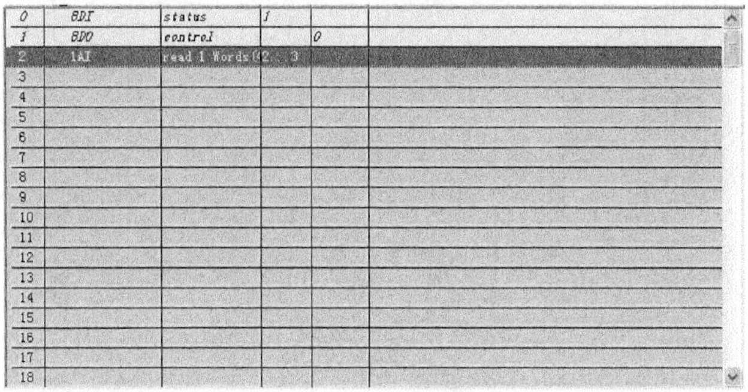

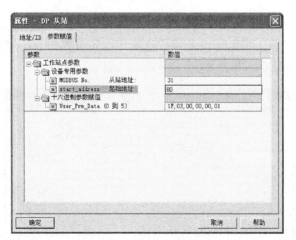

图 6.35　读设备

双击 2♯槽,选择参数赋值,如图 6.36 所示。

图 6.36　参数赋值

从站地址:指该 Modbus 模块发送到 Modbus 设备从站的地址,对应该 Modbus 报文的第一个字节。

起始地址:本例指要读取的 4xxx 起始地址。注意:报文中起始地址 0000 对应设备中 0001 地址,其他顺延。

在站点中单击 进行保存并编译,则从站配置结束。

5. 通过 Station Configuration 查看站点情况

打开 Station Configuration,如图 6.37 所示。

图 6.37　查看站点情况

(1) 单击左下角的 Add 按钮,按照之前 STEP7 中添加顺序,分别添加 OPC Server 和 CP5611 板,如图 6.38 所示。这里站点名字和 index 顺序均要与之前保持一致。添加完成以后,单击 Import Station ... ,并确认。

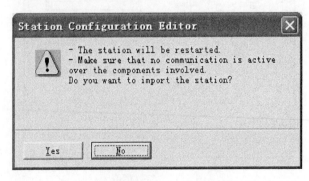

图 6.38　添加 OPC Server 和 CP5611

（2）Simatic Manager 的界面如图 6.39 所示。按照组态时菜单栏确定工程文件夹的系统路径，选择 XDBs 文件夹中的 xdb 配置文件，如图 6.40 所示。打开后界面如图 6.41 所示。选择"OPC 服务器"，界面如图 6.42 所示。

通过上述配置可以看出 OPC 服务器和 CP5611 的状态。

图 6.39 Simatic Manager 界面

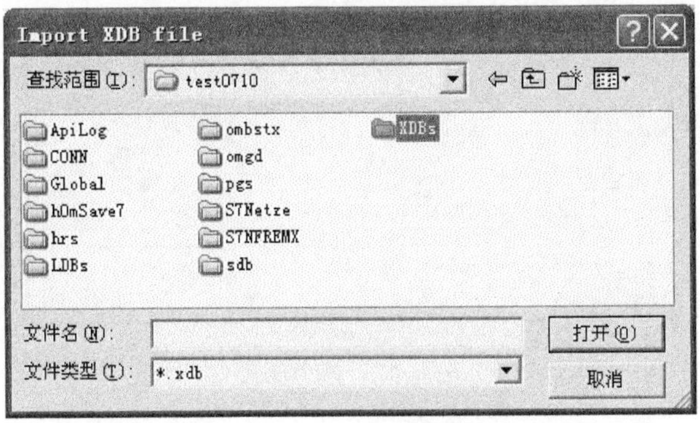

图 6.40 工程文件夹的系统路径

图 6.41 XDB 配置文件

图 6.42　站点配置

6. 使用 OPC 通信

从开始菜单中打开 OPC 通信界面,如图 6.43 所示。

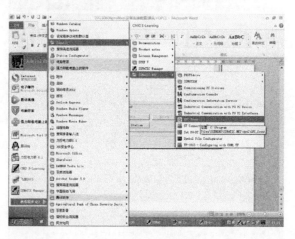

图 6.43　OPC 通信

(1) 双击左上角的 OPC. SimaticNET. DP,添加新的 Group(图 6.44)。

(2) 双击新建的 Group,这里是 test0710,出现图 6.45。

选择 CP5611,并将 Slave006 中的数据添加到右侧后出现图 6.46。
然后单击 OK 按钮。

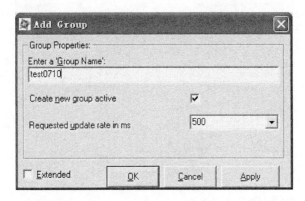

图 6.44　添加 Group

图 6.45　新建 Group 界面

图 6.46　添加 Slave006 中的数据

（3）同时进行 OPC 通信,如果主站从站通信正常,quality 将显示 good,否则
为 bad,通过 value 可修改数据(图 6.47)。

从 PB-B-MM/V32 的硬件配置中可以看到 0♯、1♯ 槽被接口占用,0♯ 槽是一
个字节输入,用做接口 Modbus 通信的状态字 status,占用 Profibus 输入地址 IB0。
1♯ 槽是一个字节输出,用做接口 Modbus 通信的控制字 control,占用 Profibus 输
出地址 QB0。

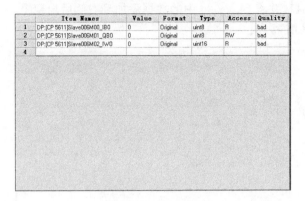

	Item Names	Value	Format	Type	Access	Quality
1	DP:[CP 5611]Slave006M00_IB0	0	Original	uint8	R	bad
2	DP:[CP 5611]Slave006M01_QB0	0	Original	uint8	RW	bad
3	DP:[CP 5611]Slave006M02_IW0	0	Original	uint16	R	bad
4						

图 6.47　OPC 通信

通信状态字格式,如表 6.2 所示。

表 6.2　通信状态字格式

D7:oe_er	D6:CRC_er	D5:Tmdr_O	D4-D1:M_ER_CODE	D0:re_tr
奇偶校验错	CRC 校验错	等待 M 回答到时	Modbus 异常应答码	接收/发送

通信控制字格式如表 6.3 所示。

表 6.3　通信控制字格式

D7:reset_M	D6:escape_M	D5:clear_er	D4-D3	D2:M_w_en	D1:M_r_en	D0:start_M
强置 Modbus 扫描复位	停止等待	清错误标记	不用	Modbus 写允许	Modbus 读允许	启动 Modbus 扫描

三个控制字功能如表 6.4 所示。

表 6.4　三个控制字功能

D2:M_w_en Modbus 写允许	D1:M_r_en Modbus 读允许	D0:start_M 启动 Modbus 扫描	功能
X	X	0	停止 Modbus 扫描
0	0	1	启动 Modbus 扫描,发送所有 Modbus 读\写命令
1	1	1	
0	1	1	启动 Modbus 扫描,只发送 Modbus 读命令
1	0	1	启动 Modbus 扫描,只发送 Modbus 写命令

所以 Modbus 通信之前必须对 D0 置"1"。

（4）双击 QB0 的 value 框,将数据改成 1 并确认(图 6.48)。

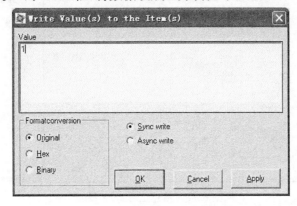

图 6.48 QB0 的 value 框示意图

打开电源,通过 OPC 软件主界面(图 6.49),检查通信是否正常。

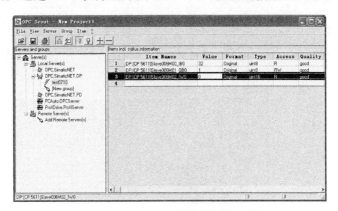

图 6.49 通信界面

这里第一栏为通信状态显示,值为 1 表示通信正常,其他任何值则表示通信不正常,不过 OPC 本身比较敏感,所以通信状态值不为 1 时是表示某些报文通信错误,但是这时也表示可以使用。

7. 三维力控软件设置

1）新建工程 test0710

力控 OPC 客户端。当力控作为客户端访问其他 OPC 服务器时,是将 OPC 服务器当做一个 I/O 设备,并专门提供了一个 OPC Client 驱动程序实现与 OPC 服务器的数据交换。通过 OPC Client 驱动程序,可以同时访问任意多个 OPC 服务器,每个 OPC 服务器都被视做一个单独的 I/O 设备,并由工程人员进行定义、增加或删除,如同使用 PLC 或仪表设备一样。在三维力控软件新建工程,如图 6.50 所示。

图 6.50　新建工程 test0710

2) 新建窗口,在数据库组态中添加设备 OPC Client 3.6(图 6.51)

图 6.51　添加设备 OPC Client 3.6

3) 对设备进行设置

双击"OPC CLIENT",界面如图 6.52 所示。

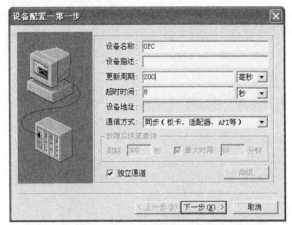

图 6.52　设备配置第一步

单击下一步按钮,服务器名选择如图 6.53 所示。

图 6.53　选择服务器名

　　(1) 服务器节点:当 OPC 服务器运行在网络上其他计算机时,需要在此处指定网络计算机的名称或 IP 地址。如果 OPC 服务器运行在本机,该参数设置为空。

　　(2) 服务器名:指定 OPC 服务器的名称。可以单击"刷新"按钮,自动搜索计算机系统中已经安装的所有 OPC 服务器。

　　(3) 服务器版本:指定 OPC 服务器的 DA 规范版本。目前可选择 1.0 和 2.0。

　　(4) 重连时间:跟 OPC 服务器建立连接后,在设定的时间内如果没有数据变化,则重新连接 OPC 服务器。该参数单位为秒。

（5）OPC 组名称：在 OPC 服务器创建的组名称。创建的所有项均加载到这个组中。

（6）刷新时间：指定 OPC 服务器的刷新周期。对于大多数 OPC 服务器，这个参数用于控制对设备的扫描周期，并以该时间周期向 OPC 客户端发送数据。对某些通信性能较低的 OPC 服务器，该参数不宜设置过小。

（7）数据读写方式：可选择同步方式或异步方式。由于异步方式在有大量客户和大量数据交互时能提供高效的性能，因此建议在通常情况下尽量选用异步方式。

4）在数据库中添加数据（图 6.54）

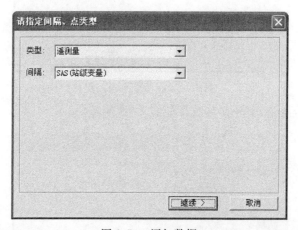

图 6.54　添加数据

因为是读保持寄存器的值，所以是遥测量。单击数据连接，如图 6.55 所示。

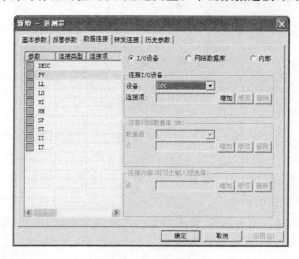

图 6.55　数据连接

单击增加按钮,界面如图 6.56 所示。

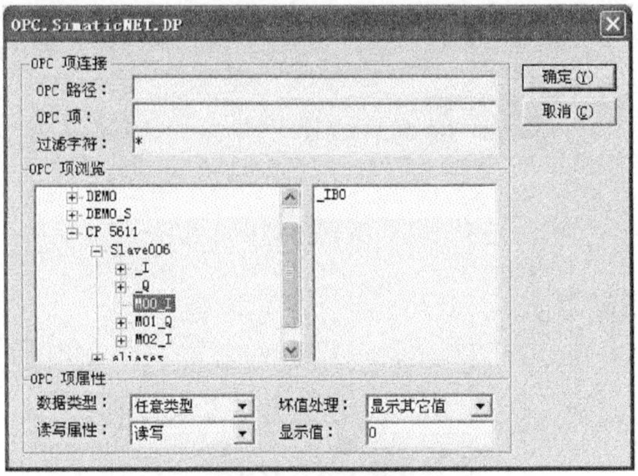

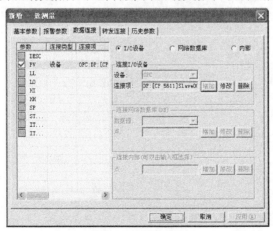

图 6.56 OPC 项连接

OPC 项连接/OPC 路径:OPC 路径(Access Path)是 OPC 服务器端提供的一个参数,用于指定对应的 OPC 项的数据采集方式。

OPC 项连接/OPC 项:OPC 服务器中的基本数据项。

OPC 项连接/过滤字符:用于指定浏览 OPC 项的过滤字符。

OPC 项浏览:该部分列出全部 OPC 项以供选择。

OPC 项属性/数据类型:指定所选的 OPC 项的数据类型。

OPC 项属性/读写属性:指定所选的 OPC 项的读写属性。

OPC 项属性/坏值处理:指定所选的 OPC 项出现坏值(由质量戳确定)时的处理方式。如果选择"显示其他值",可指定一个固定值表示坏值。如果选择"保持原值",则保持为上一次采集到的值。

双击左侧要添加的数据后,双击右侧添加的数据即可,界面如图 6.57 所示。

图 6.57 数据连接

单击确定按钮。其他点进行同样的操作,最后结果见图 6.58。

NAME	DESC	%IOLINK	%SWITCHLINK	%HIS
SAS_1		PV=OPC:DP:[CP 5611]Slave006...		
SAS_2		PV=OPC:DP:[CP 5611]Slave006...		
SAS_3		PV=OPC:DP:[CP 5611]Slave006...		

图 6.58　数据连接后示意图

5) 在主页面创建画面

在三维力控主页面上,任意创建一个画面,添加三个文本,如图 6.59 所示。

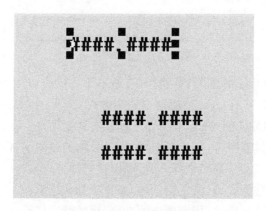

图 6.59　主页面画面创建

双击第一个文本,进行连接,如图 6.60 所示。

图 6.60　动画连接

同样把其余的文本进行连接,进行编译后运行。

6.3.3　Modbus/TCP 工业以太网组态软件接入

将 Modbus-RTU 通过网关接入 Modbus/TCP 网络,这里是如何将安科瑞的 ARD2 智能电动机保护器通过网关接入 Modbus/TCP 网络的方法和步骤。

所需硬件:上电科 VT1-AMT,ARD2 智能电动机保护器。

所需软件:VT1-AMT 配置软件 ModbusTCP_config,三维力控。

1.　网关配置

在将 VT1-AMT 网关通过网线连接至系统局域网中之前要先进行网关配置,步骤如下。

双击桌面上的配置软件 ModbusTCP_config. exe 出现如图 6.61 所示的界面。

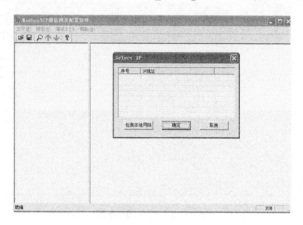

图 6.61　ModbusTCP_config 界面

界面中的列表控件对话框用来显示本机 IP 地址并可配置成扫描网络的 IP。下方的三个按钮分别实现的功能如下:

(1)"检测本地网络"按钮:单击"检测本地网络",将本机所有网络接口的 IP 地址显示在列表中。

(2)"确定"按钮:单击列表中任意一个 IP 地址,将选定的 IP 地址配置为扫描网络的 IP 地址。如果用户没有选定 IP 地址而按下"确定"按钮,则软件默认将选择列表中的第一个 IP 地址作为扫描网络的 IP 地址。

(3)"取消"按钮:退出软件。

单击"检测本地网络"按钮,出现图 6.62 所示的界面。单击确定按钮后,选定列表中的 IP 地址,出现图 6.63 所示的界面。

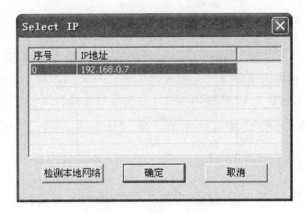

图 6.62　检测本地网络

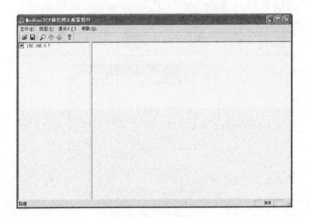

图 6.63　选定 IP 地址

单击工具栏中的"🔍"按钮，如图 6.64 所示。

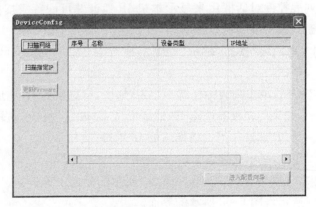

图 6.64　扫描网络

　　扫描对话框中右侧的列表控件显示经过扫描后网络中存在的网关产品的基本信息,控件左侧的按钮分别实现的功能如下:

　　(1) 扫描网络:以广播方式扫描整个网络,将结果显示在右侧列表控件中。

　　(2) 扫描指定 IP 地址:以单播方式扫描指定 IP 地址,将结果显示在右侧列表控件中。

　　单击"扫描网络"按钮,如果能扫描到网络上有相关设备或能正确响应,跳出"完成扫描"对话框如图 6.65 所示,否则跳出"超时或者网络无应答"对话框,如图 6.66 所示。

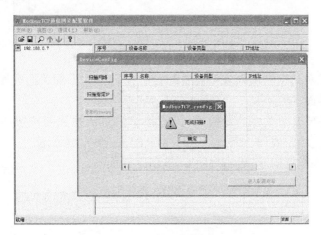

图 6.65　完成扫描

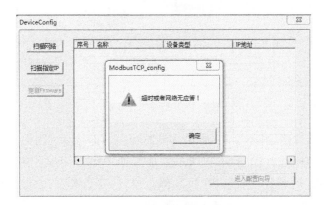

图 6.66　超时或者网络无应答

　　网络超时时请检查设备电源是否打开和网线是否已连接。

　　当能扫描到网络上有相关设备或获得正确响应时,单击"确定"按钮,则扫描对话框右侧列表控件将显示扫描结果,如图 6.67 所示。

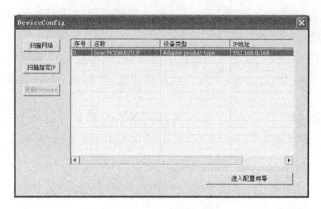

图 6.67　扫描结果

　　选中扫描对话框右侧列表中需要配置的 VT1-AMT 网关适配器,单击进入网关向导配置界面。

　　如果用户要跳过配置向导模式,可直接单击对话框关闭按钮,软件返回主界面,用户可直接在主界面上完成 VT1-AMT 网关适配器的配置。

　　单击"进入配置向导"后出现图 6.68 所示界面。

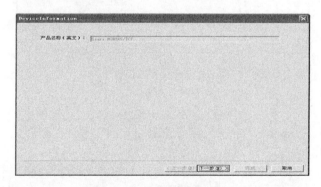

图 6.68　配置向导界面

　　单击下一步按钮,如图 6.69 所示。设置网关的 IP 地址、网关、子网掩码。

　　单击下一步按钮出现图 6.70 所示界面。网关串口侧配置信息包括:①波特率;②流控*1;③检验位;④FIFO*1;⑤停止位;⑥接口类型;⑦数据位*1;⑧超时时间;⑨地址范围*2;⑩是否工作*3。

　　*1:本型号产品无须配置这三个参数。

　　*2:"地址范围"为 VT1-AMT 网关适配器地址映像范围配置选项,例如,串口 1 的地址范围设定为 1～4,则需将 Modbus 地址在 1～4(包括 1 和 4)的 Modbus 设备连接在串口 1 上,将超出设定地址范围的 Modbus 设备连接在不匹配的串口

上,网关适配器将提示连接错误。另外 4 个串口的地址配置需满足互不重叠且为递增,地址范围为 1～247(0xF7),配置超过范围或相互重叠会跳出超出范围或地址重叠提示对话框。

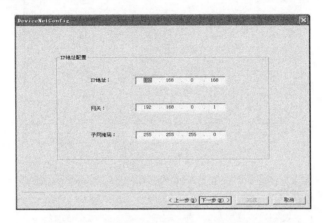

图 6.69　网关 IP 地址、网关、子网掩码设置

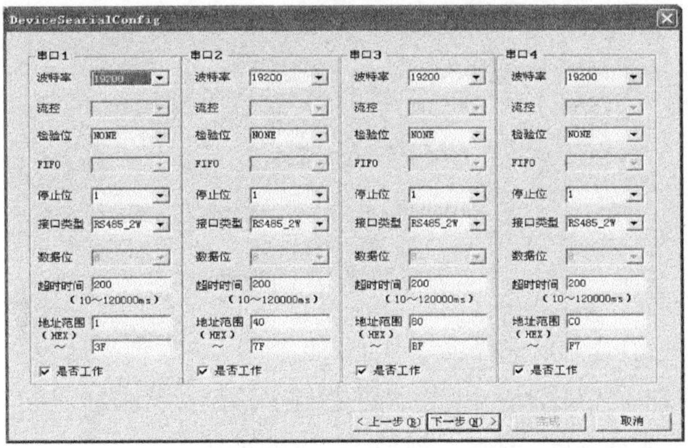

图 6.70　配置信息

*3:"是否工作"在多串口设备上可以关闭或者开启选定的串口,当未勾选某串口"是否工作",则该串口配置列为进入不可操作状态。这里只用到串口 1,所以只在串口 1 出勾选,其他串口均不勾选。如图 6.71 所示。

单击"下一步"按钮进入配置向导的下一个页面——网关 I/O 配置页面,如图 6.72 所示。

I/O 配置分为输入和输出,输入数据的配置显示在左侧的列表控件中,在左侧列表控件的下方是控制输入数据的控件,其分别实现的功能如下:

(1) Modbus 地址(HEX):以十六进制输入 Modbus 地址,所填写值需根据被操作的 Modbus-RTU 从站地址来决定。

图 6.71 配置信息

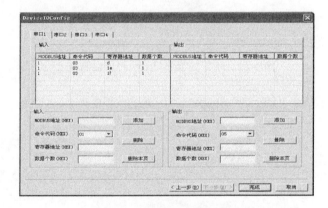

图 6.72 网关 I/O 配置页面

（2）命令代码（HEX）：选择命令代码*1。

（3）寄存器地址（HEX）：以十六进制输入寄存器地址，通常为与被操作的 Modbus RTU 从站寄存器进行数据地址对应的编码。

（4）数据个数（HEX）：以十六进制输入数据个数，其值受 Modbus 规约限制*2。

（5）添加：将用户配置数据添加进输入配置信息，并在上方列表控件中显示。

（6）删除：删除所选定的列表中已配置的输入或输出信息。

（7）删除本页：删除当前页面上的所有列表中的输入配置信息。

（8）删除全部：删除全部页面上的所有列表中的输出配置信息。输出的控件作用与输入相仿，只是对应于操控输出配置信息。

*1：VT1-AMT 网关适配器共采用通用型八种命令码，输入四种，输出四种，类型和特性如表 6.5 所示。

表 6.5　网关适配器输入输出类型和特性

功能码	功能描述	数量范围	数量单位
01	读多个线圈	1～2000(0x7D0)	bit
02	读多个离散量输入	1～2000(0x7D0)	bit
03	读多个保持寄存器	1～125(0x7D0)	word
04	读多个输入寄存器	1～125(0x7D0)	word
05	写单个线圈	1	bit
06	写单个线圈	1	word
15(0xF)	写多个线圈	1～1968(0x7B0)	bit
16(0x10)	写多个寄存器	1～1968(0x7B0)	word

　　*2：根据表 6.5 Modbus 规约不同命令码的数据个数配置都有最大个数的限制，除此之外，VT1-AMT 网关适配器还有最大输入输出总和数的判断（应用于周期性报文功能），所有配置串口输入总字节数 242、输出总字节数 238，超出命令码本身或总数据限制都会跳出配置数据超出范围的对话框。

　　单击“完成”按钮保存配置信息并退出向导模式，返回扫描对话框，如图 6.73所示。

图 6.73　保存配置信息后向导模式界面

　　选中左侧网关，将配置信息下载至网关后，重启网关，如图 6.74 所示。网关配置完成。

　　网关分为周期功能和透传功能。

　　使用周期功能，网关将接收到的 Modbus/TCP 主机配置数据，周期性发送至所连接的 Modbus-RTU 从站中，或者周期性获取 Modbus-RTU 从站中的数据。

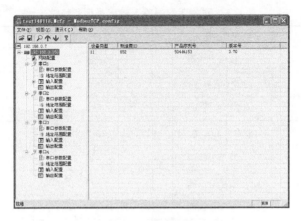

图 6.74　下载配置信息

　　使用透传功能,Modbus/TCP 主机通过网关将数据直接送入对应 Modbus-RTU 从站的相关寄存器中,或者通过网关直接获取对应 Modbus-RTU 从站中相关寄存器的数据。两种功能可分别单独使用或混用。

　　若使用周期输出功能,网关会周期向设备写入数据,故以下使用两种功能混用方式进行配置,通过周期功能读取数据,通过透传功能写入数据。这里额定电流的设置使用透传功能,波特率、Modbus 地址、额定电流的显示使用周期功能。

　　2. 三维力控的配置

　　双击桌面上的三维力控软件,如图 6.75 所示。

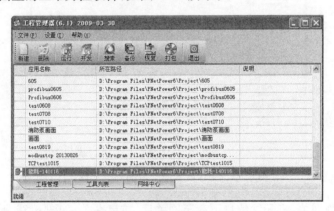

图 6.75　三维力控软件界面

　　单击开发。打开后双击左侧的数据库组态,如图 6.76 所示。在 I/O 设备中单击 Modbus(TCP),如图 6.77 所示。周期功能设置如图 6.78 所示。

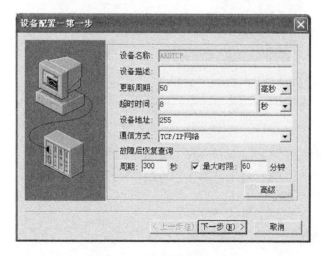

图 6.76 数据库组态   图 6.77 Modbus(TCP)连接

图 6.78 设备配置第一步

单击高级按钮,如图 6.79 所示。

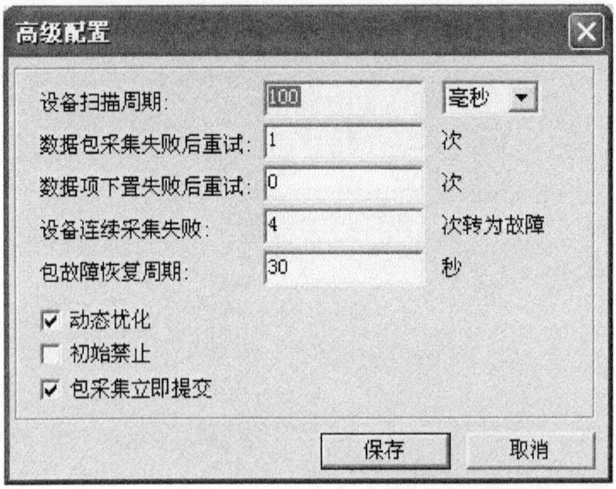

图 6.79　高级配置

单击保存按钮后,单击下一步按钮,如图 6.80 所示。

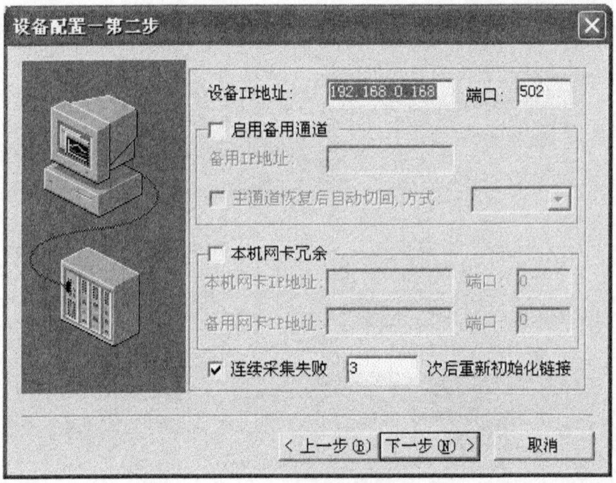

图 6.80　设备配置第二步

设备 IP 与网关 IP 地址保持一致,端口为 502,如图 6.81 所示。单击高级按钮,如图 6.82 所示。寄存器格式为十六进制。计入数据库,如图 6.83 所示。新建遥测量,如图 6.84 所示。

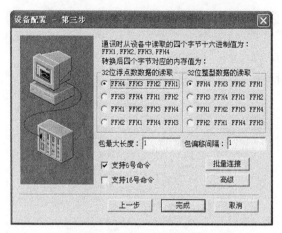

图 6.81   设备配置第三步

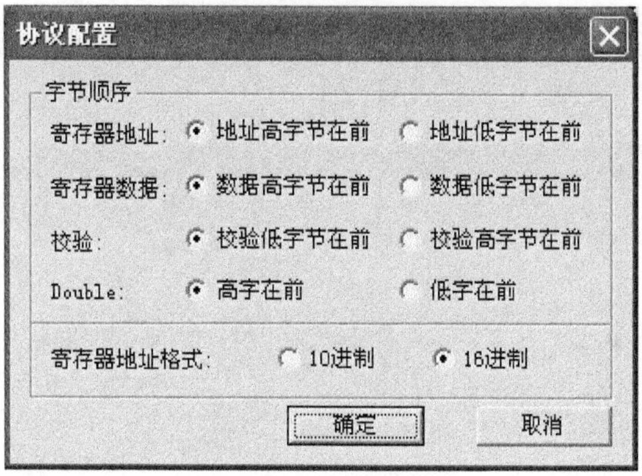

图 6.82   协议配置

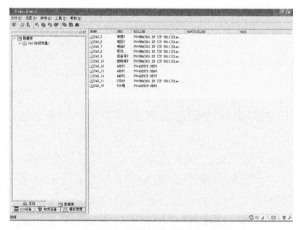

图 6.83   设备连接示意图

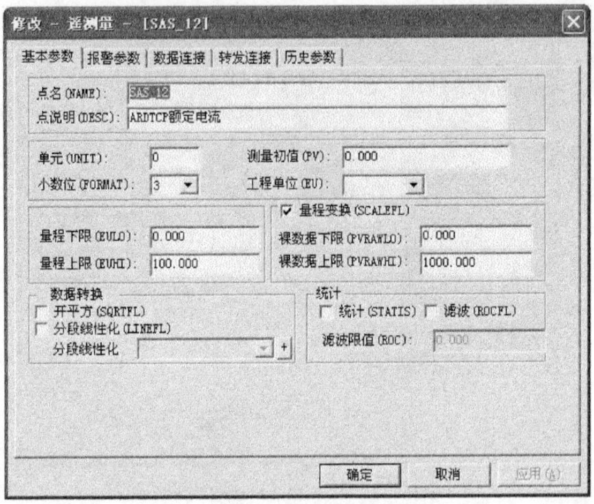

图 6.84　新建遥测量页面

这里由于设备与力控软件显示的范围不一样，所以额定电流需要量程变换。单击数据连接出现图 6.85 所示界面。

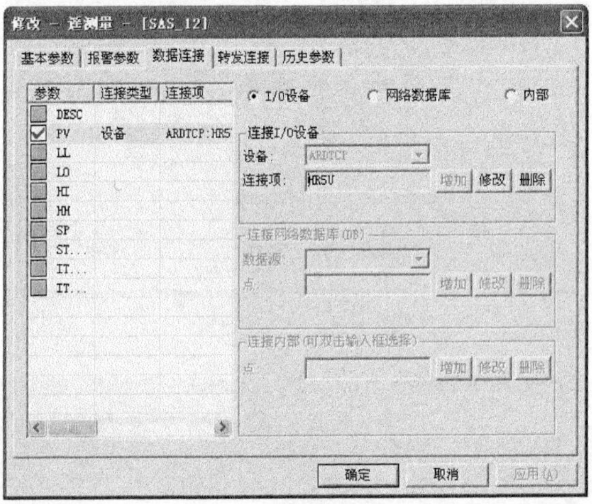

图 6.85　数据连接页面

单击增加按钮之后出现的偏置信息需按照用户的配置信息进行计算，如图 6.86 所示。

周期性功能的输入输出寄存器各使用一个连续区域存储数据，配置软件所配置的输入输出指令在该区域的排序是从串行口 1 至串行口 4，每个串口根据用户配置的顺序依次排序。

输入输出区域由 8 字节串口状态与四个端口指令数据组成，每个端口再按照其配置的周期指令，在其范围内进行偏移，用户可以通过简单的计算获取 Mod-

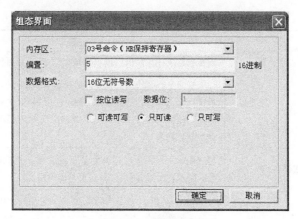

图 6.86　组态界面

bus/TCP 设备地址所对应的输入输出寄存器。

字节串口状态含义如图 6.87 所示。

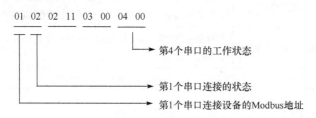

图 6.87　字节串口状态含义

串口连接状态的错误代码与 Modbus 错误代码相同,如表 6.6 所示。

表 6.6　串口连接状态的错误代码

代码	名称	含义
00	成功	成功通信,并成功传送数据
01	非法功能	对于服务器来说,询问中接收到的功能码是不可允许的操作。这也许是因为功能码仅仅适用于新设备而在被选单元中是不可实现的。同时还指出服务器在错误状态中处理这种请求
02	非法数据地址	对于服务器来说,询问中接收到的数据地址是不可允许的地址。特别地,参考号和传输长度的组合是无效的。对于带有 100 个寄存器的控制器来说,带有偏移量 96 和长度 4 的请求会成功。带有偏移量 96 和长度 5 的请求将产生异常码 02
03	非法数据值	对于服务器来说,询问中包括的值是不允许的值。这个值指示了组合请求剩余结构中的故障

代码	名称	含义
04	从站设备故障	当服务器正在设法执行请求的操作时,产生不可重新获得的差错
05	输入	与编程命令一起使用。服务器已经接收请求,并且正在处理这个请求,但是需要长的时间进行这些操作。返回这个响应防止在客户机中发生超时错误。客户机可以继续发送轮询程序完成报文来确定是否完成处理
06	从属设备忙	与编程命令一起使用。服务器正在处理长持续时间的程序命令。当服务器空闲时,用户应稍后重新传输报文
08	存储奇偶性差错	与功能码 20 和 21 以及参考类型 6 一起使用。指示扩展文件不能通过一致性校验 服务器设法读取记录文件,但是在存储器中发现一个奇偶校验错误。客户机可以重新发送请求,但可以在服务器设备上要求服务
0A	不可用网关路径	与网关一起使用,指示网关不能为处理请求分配输入端口至输出端口的内部通信路径。通常意味着网关是错误配置的或过载的
0B	网关目标设备响应失败	与网关一起使用,指示没有从目标设备中获得响应。通常意味着设备未在网络中
11	超时	在超时时间内 Modbus-RTU 从站未响应

地址计算如图 6.88 所示。

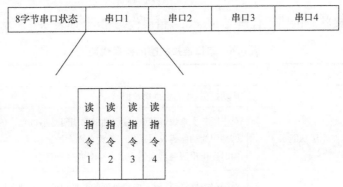

图 6.88　地址计算示意图

此时如果要配置串口 1 第 3 条输入寄存器,其起始地址为前两条输入寄存器个数之和再加 4,偏移量为第 3 条输入寄存器的个数,同理如果要配置串口 2 的第 2 条输入寄存器,则起始地址为串口 1 所有输入寄存器的个数与串口 2 第 1 条输入寄存器个数和再加 4,用户也可以同时配置多条连续的输入寄存器,如果要配置串口 1 的所有输入寄存器,其起始地址为 4,偏移量为串口 1 的所有寄存器个数。

工程中所有偏置设置为上述地址＋1。

端口 1 设置如图 6.89 所示。

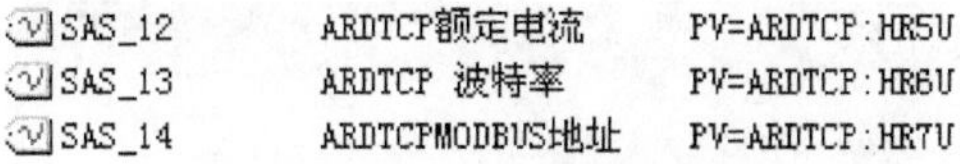

☑ SAS_12　　　　ARDTCP额定电流　　　PV=ARDTCP:HR5U
☑ SAS_13　　　　ARDTCP 波特率　　　　PV=ARDTCP:HR6U
☑ SAS_14　　　　ARDTCPMODBUS地址　　PV=ARDTCP:HR7U

图 6.89　端口 1 设置页面

周期设置结束。

透传功能设置：进入数据库组态，添加 I/O 设备，如图 6.90 所示。

图 6.90　添加 I/O 设备

添加安科瑞 ARD2，如图 6.91 所示。

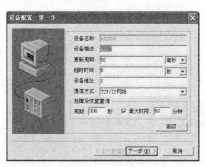

图 6.91　设备配置第一步

单击高级按钮,如图 6.92 所示。

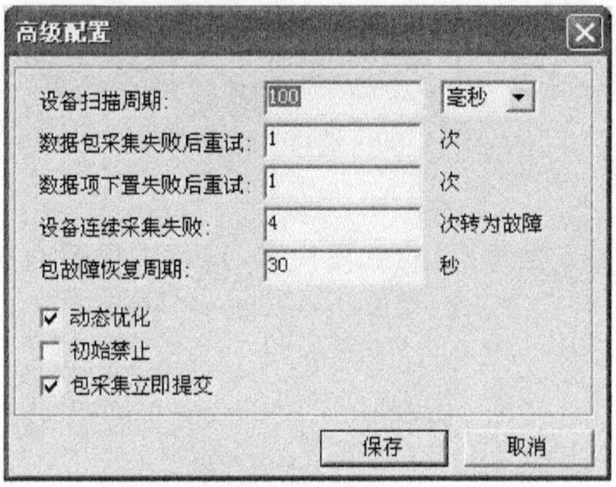

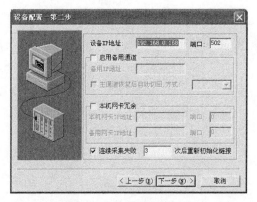

图 6.92　高级配置

保存后单击下一步,如图 6.93 所示。

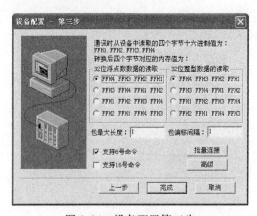

图 6.93　设备配置第二步

单击下一步出现图 6.94 所示界面。

图 6.94　设备配置第三步

单击高级按钮出现图 6.95 所示界面。

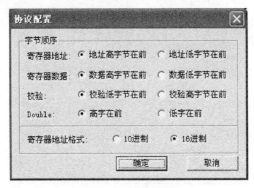

图 6.95　协议配置

新建数据库变量如图 6.96 所示。

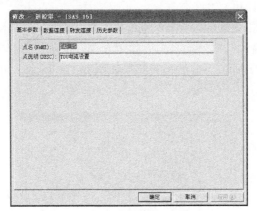

图 6.96　新建遥变量页面

单击数据连接出现图 6.97 所示界面。

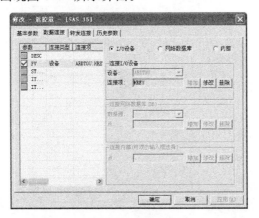

图 6.97　数据连接

单击增加按钮，如图 6.98 所示。

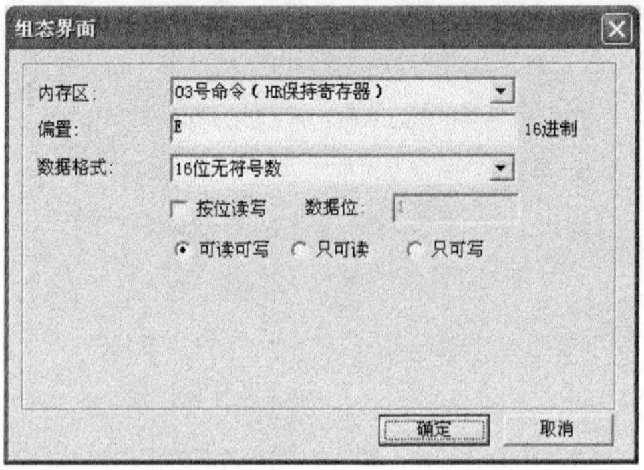

图 6.98　组态界面

这里设的是可读可写。

在主界面进行相关的数据连接，打开主界面，选择一个文本双击，如图 6.99 所示。选择"模拟量输入"，数值输入界面如图 6.100 所示。选择"模拟量输出"，数值输出界面如图 6.101 所示。最后运行结果如图 6.102 所示。可以通过额定电流设定对设备的额定电流进行设置。

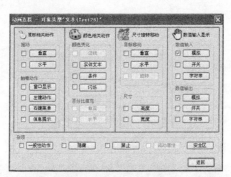

图 6.99　动画连接

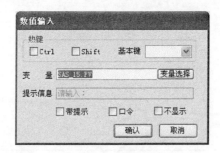

图 6.100　数值输入

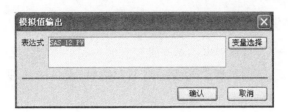

图 6.101　数值输出

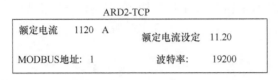

图 6.102　运行结果

Modbus/TCP 设备接入设置完成。

6.4　现场总线控制系统实例

某科技大楼建设项目将于 2014 年 6 月份封顶,新大楼总占地面积
1029.16m^2,总建筑面积 8050.17m^2,地上 7 层,地下 1 层,主要承担企业的科研、试
验、试制等重大项目。为符合企业科研发展方向的新战略目标,将在新大楼成立企
业智能中心,满足企业信息化建设的需求。

企业智能中心由四部分组成,分别是智能配电系统、能耗管理系统、新能源中
心和智能消防系统。

其中智能配电系统将承担企业主要生产车间的电机的远程监测和控制,能耗
管理系统实现对各生产部门间的用电监测,智能消防系统实现消防水泵的控制与
开关电器的保护,具备火灾初期自动报警功能。新能源中心负责接入太阳能光伏
发电系统。

以下内容通过三个步骤设计出符合企业要求的现场总线控制系统。

6.4.1　项目概述

设计实际的现场总线控制系统,第一步应是对整个项目有个大致上的熟悉
和了解,包括项目背景、项目现状、项目设计目标、项目设计标准和依据。而项目
现状中又需要包括建筑概况和供电系统概况。设计人员应索要设计目标的平面
图和地理位置图、原有低压配电系统一次图等资料,有利于对项目更直观深入的
了解。

6.4.2　项目总体设计方案

本步骤中,设计人员需要考虑整个现场总线控制系统的整体架构是怎么样的,采用何种通信协议、底层可通信设备的选型和数量、设备的地理布局和功能需求分析。

1. 整体架构

在本设计方案中,采用 C/S 主从架构,在现场设立智能配电子监控站、在主监控室设立人机 VIEW 主监控站,如图 6.103 所示。

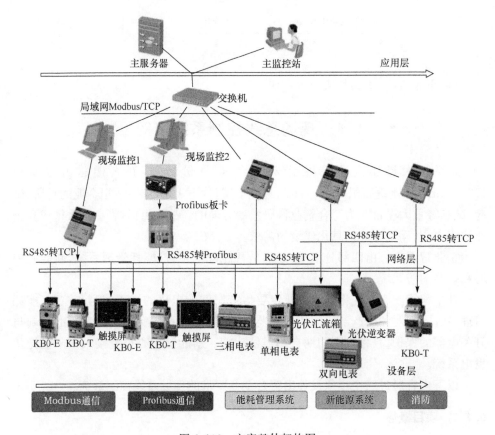

图 6.103　方案整体架构图

2. 通信协议

考虑到未来可扩充的可能性,采用多元化网络架构,综合运用 Modbus-RTU、Modbus/TCP、Profibus-DP 等多总线并存技术,实现对于不同总线通信技术的兼容性。

3. 底层可通信设备的选型和数量

（1）智能配电系统：电动机控制中心（MCC），实现对多台电动机的监控和组态。采用带通信功能的数字化控制与保护开关电器 KB0-E 和 KB0-T 对电动机进行控制，KB0 系列产品本身带有 RS485 通信接口，视通信方案采用不同转接口联网。同时智能配电系统还应预留不同通信协议的开放接口，方便其他通信产品（如 ACB、ATSE、西门子 PLC）接入。当前需要组网的 CPS 共有 68 台，对应冲制车间 34 台，压制车间 34 台。

（2）能耗管理系统：表计系统，实现在配电领域的电能测量及管理，即能耗管理系统的实现。在设备层采用带有 RS485 接口的可通信式智能电表，每层楼左右两侧分别布置一个智能电表，共 14 台智能电表需要组网。

（3）智能消防系统：通过远程控制消防水泵的 CPS 实现智能消防系统。需要组网的是两个 CPS 开关。

（4）新能源系统：引入清洁环保的新能源系统，使用太阳能光伏发电实现一部分企业耗能，同时通过组网的双向电表对新能源的利用率实现量化考虑。需对一个双向电表进行组网。

4. 设备的地理布局

设备的地理布局如图 6.104 所示。

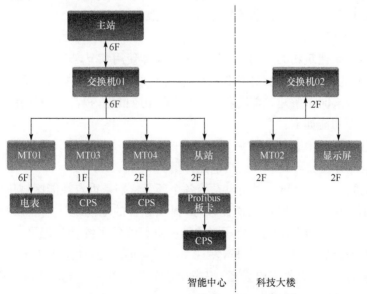

图 6.104　设备地理布局

车间一楼 17 台 CPS 全部采用 Modbus/TCP 通信,17 台 CPS 接入 MT03,然后接入交换机 01;

车间二楼 15 台 CPS 采用 Modbus/TCP 通信,接入 MT04;

车间二楼余下 2 台 CPS 作为比较组,采用 Modbus 转 Profibus 通信,通过 Profibus 板卡接入中间级现场监控站。

将在后续实地测试中,通过比较数据刷新速率和出错率来判断采用两种不同通信方案的优劣。

5. 功能需求分析

1) 配电监控

通过智能配电监控,实现电气设备以及电力系统的监测与管理,提高对电力系统的管理效率,保障电力系统的可靠安全运行并帮助实现节能降耗的目标。监测内容包括断路器、高压继保、变压器温控器、电容补偿控制器、配电所环境温湿度。

(1) 实时信息采集。① 开关状态;② 电流;③ 电压;④ 功率;⑤ 功率因数;⑥ 频率;⑦ 投入电容组数量;⑧ 配电所温湿度;⑨ 变压器温度;⑩ 报警信号。

(2) 非实时信息采集。① 各智能开关参数;② 各智能开关的参数整定值;③ 各项历史记录数据。

(3) 智能控制。① 开关本地控制;② 开关远程控制;③ 开关定时控制;④ 开关逻辑控制(运行时,控制参数不能更改,但参数值可设置)。

2) 电能管理

电能管理是建筑物的照明、空调、动力等电能使用状况,实行集中监视、管理和分散控制,并实时将这些能源使用信息提供给组织或者企业总部的管理者,使组织或者企业可以实时了解建筑能耗状况,并采取相应措施,提高能源的使用效率,节约费用。主要功能如下:

(1) 电能分项计量。① 空调;② 照明;③ 动力;④ 消防;⑤ 其他。

(2) 电能分区域计量。各楼层电能计量。

(3) 电能统计与分析。对用电系统各个环节特别是重点耗能区域用能情况进行实时数据采集、汇总分析、纵横比较等,提供综合的电能统计报表以及曲线、饼图、柱状图等分析,能匹配电力公司账单结构进行峰谷平统计与记录,并可以进行显示、打印和查询。通过能耗分析,发现用电不合理之处,通过人工干预或自动控制的方法进行改进,优化用电设备,提高电能的使用效率。提供多种能耗分析报告,并可按用户需求定制报告。

（4）报警管理。① 软件实时报警；② 过载保护及报警；③ 短路保护及报警；④ 欠压保护及报警。

（5）用户权限管理。为了系统安全稳定运行，用户权限管理能够防止未经授权的操作。可以定义不同级别用户的登录名、密码及操作权限，为系统运行维护管理提供可靠的安全保障。

（6）数据库管理。① 事件记录；② 用户登录事件；③ 故障事件；④ 操作事件；⑤ 数据备份；⑥ 数据定时备份；⑦ 指定数据备份。

（7）对外展示。系统采用 C/S 软件架构，可任意增加客户端。在不同地点均可实时监控现场情况。

6.4.3　项目具体设计方案

1. 欢迎界面

欢迎界面背景采用公司实地画面，在菜单栏提高了界面导航、登录注销等特殊功能，界面上方为公司标识和宣传标语，中间为系统名称，下方为登录按钮，如图 6.105 所示。

图 6.105　欢迎界面

2. 地理信息图

界面采用了厂区的分布图作为参考，将设备集中分布于配电室和变电站，对每个设备进行编号，方便管理。

实际系统设备分布情况，决定使用地理信息图，界面美观，凸显软件为企业专属特色，如图 6.106 所示。

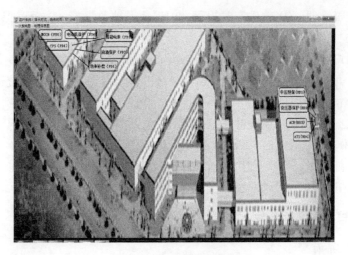

图 6.106　地理信息图

3. 一次系统图

一次系统如图 6.107 所示。

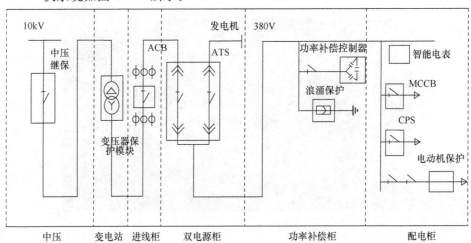

图 6.107　一次系统图

4. ACB 界面

1) 设备用途

ACB 框架(万能式)断路器用于电源端总开关。

2) 地址表

主要地址包括如下:

（1）实时测量信息：电压、电流、功率、电能、频率、功率因数等。

（2）运行状态信息：报警、故障类别、系统时间等。

（3）系统设置信息：遥控指令、系统时间、电流功率最大值等。

（4）事件记录信息：故障时间、故障数据、软件版本等。

（5）保护设置信息：报警启动值、报警返回值、返回时间、保护动作值等。

3）选择地址

选择电流电压参数、运行状态信息、报警故障信息等。

4）界面（图6.108）

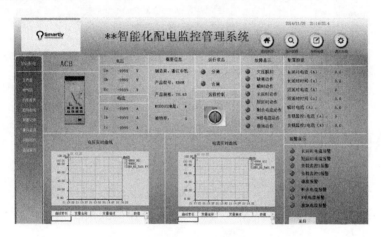

图6.108　ACB界面

5. MCCB界面

1）设备用途

MCCB塑壳断路器适用于支路的保护开关。

2）地址表

主要地址包括如下：

（1）实时测量信息：电压、电流、功率、电能、频率、功率因数等。

（2）运行状态信息：报警、故障类别、系统时间等。

（3）系统设置信息：遥控指令、系统时间、电流功率最大值等。

（4）事件记录信息：故障时间、故障数据、软件版本等。

（5）保护设置信息：报警启动值、报警返回值、返回时间、保护动作值等。

3）选择地址

选择电流电压参数、运行状态信息、报警故障信息等。

4）界面（图 6.109）

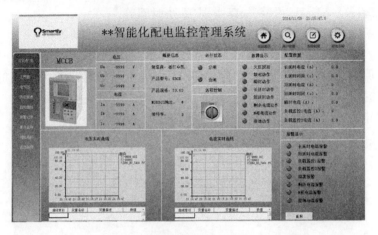

图 6.109 MCCB 界面

6. ATS 界面

1）设备用途

ATS 全称为自动转换开关电器，用在紧急供电系统，将负载电路从一个电源自动换接至另一个（备用）电源的开关电器，以确保重要负荷连续、可靠运行。

2）地址表

实时测量信息、运动状态信息、系统设置信息、保护设置信息。

3）选择地址

选择电流电压参数、运行状态信息、报警故障信息等。

4）界面（图 6.110）

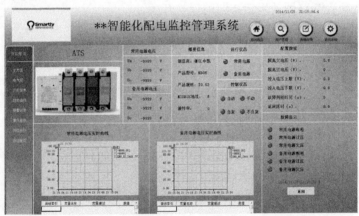

图 6.110 ATS 界面

7. 智能电表界面

1) 设备用途

智能电表用于监测电路数据，反映系统状态。

2) 地址表

主要地址包括：实时测量信息：电压、电流、功率、电能、功率因数等。

3) 选择地址

选择实时电流电压参数等。

4) 界面(图 6.111)

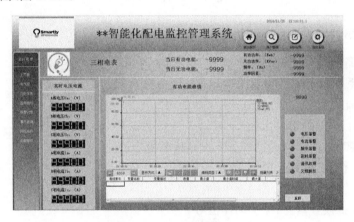

图 6.111　智能电表界面

8. JES 界面

1) 设备用途

电动机保护器与接触器、断路器等电器组件构成电动机控制保护单元，具有过载、断相、不平衡、欠载、接地/漏电、堵转等保护功能。

2) 地址表

主要地址包括如下：

(1) 实时测量信息：各相电流、开关量等。

(2) 运行状态信息：报警、故障类别、系统时间等。

(3) 系统设置信息：遥控指令、系统时间、额定电流等。

(4) 事件记录信息：故障时间、故障数据等。

(5) 保护设置信息：报警启动值、报警返回值、保护动作值等。

3) 选择地址

选择实时电流参数、运行状态信息、报警故障信息等。

4）界面（图 6.112）

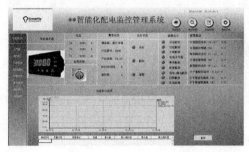

图 6.112　JES 界面

9. CPS 界面

1）设备用途

KB0 系列数字化控制与保护开关用于电路负载的控制与保护。

2）地址表

主要地址包括如下：

（1）实时测量信息：各项电流、脱扣状态量等。

（2）运行状态信息：报警、故障类别等。

（3）系统设置信息：遥控指令等。

（4）保护设置信息：保护动作值等。

3）选择地址

选择实时电流参数、运行状态信息、设定参数、报警故障信息等。

4）界面（图 6.113）

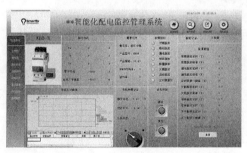

图 6.113　CPS 界面

6.4.4　项目实现及运行

按照 6.3 节各部分介绍，分别根据不同协议配置设备，建立数据库，即可实现 6.4.1 节中各项功能。

参 考 文 献

[1] 林瑞全,邱公伟.利用现场总线技术实现对系统的网络集成式全分布控制[J].中国仪器仪表,2000,1:8-11.

[2] 李烨.现场总线技术及其应用研究[D].长沙:湖南大学,2002.

[3] 范铠.现场总线的发展趋势[J].自动化仪表,2000,2:1-4.

[4] 唐济扬.现场总线与工厂底层自动化及信息集成技术[J].制造业自动化,2000,3:14-18.

[5] 王征.现场总线通信技术的研究与实现[D].大庆:大庆石油学院,2004.

[6] 杨珺.基于 CAN 总线的智能检测系统的研究[D].西安:西安科技大学,2008.

[7] 阳宪惠.基金会现场总线(FF)第一讲基金会现场总线技术简介[J].化工自动化及仪表,1998,4:59-64.

[8] 唐济扬.基于现场总线技术的先进控制系统[J].制造业自动化,2000,7:31-35.

[9] 邵庆.基金会现场总线数据通信技术的研究与实现[D].大庆:大庆石油学院,2005.

[10] 吴肖俊.基于智能 CPS 的小型配电系统研究与实现[D].上海:同济大学,2014.

[11] 周凯.基于以太网现场总线通信系统的研究与实现[D].大庆:大庆石油学院,2006.

[12] 刘锋.基于 Modbus 的现场总线控制系统研究与设计[D].重庆:重庆大学,2007.

[13] 朱文灏,胡景泰,贾镇宇.基于 Modbus 和 DeviceNet 总线技术的可通信智能电动机保护器[J].低压电器,2003,4:35-39.

[14] 黄俊才.基于 CAN 总线的现场总线继电器研究[D].成都:电子科技大学,2012.

[15] 马世平.现场总线标准的现状和工业以太网技术[J].机电一体化,2007,3:6-8,13.

[16] 姚胜兴.LonWorks 现场总线技术在楼宇自动化系统中的应用研究[D].长沙:湖南大学,2005.

[17] 姚晓伟.基于 OPC 技术工业现场总线系统集成研究[D].天津:天津理工大学,2007.

[18] 王学伟.PROFIBUS-DP 现场总线智能节点的设计[D].哈尔滨:哈尔滨理工大学,2008.

[19] 严庆伟.工业以太网的发展[J].中国水运(学术版),2007,1:135-139.

[20] 侯顺红.基于 Modbus/TCP 协议的工业以太网实时性研究[D].兰州:兰州理工大学,2004.

[21] 陆爱林,冯冬芹,荣冈,等.工业以太网的发展趋势[J].自动化仪表,2004,2:3-6.

[22] 宰守刚.工业以太网的实时调度及系统设计[D].杭州:浙江大学,2003.

[23] 杜品圣.工业以太网技术的介绍和比较[J].仪器仪表标准化与计量,2005,5:24-27.

[24] 应晓蕊.工业以太网的实时性研究及系统设计[D].杭州:浙江大学,2004.

[25] 薛吉,邱浩,奚培锋,等.工业以太网 EtherNet/IP 介绍及其产品开发[J].低压电器,2009,5:32-35.

[26] 万跃鹏.基于 Cortex-A8 的安全工业以太网设计与实现[D].武汉:华中科技大学,2013.

[27] 胡毅,于东,刘明烈.工业控制网络的研究现状及发展趋势[J].计算机科学,2010,1:23-27,46.

[28] 朱洪. 工业以太网在控制领域的研究与应用[D]. 南京:南京工业大学,2003.

[29] 于仲安,严慕秋. 工业以太网技术的应用探讨[J]. 低压电器,2006,1:43-47.

[30] 刘彬. 工业以太网性能测试与组网优化[D]. 杭州:浙江大学,2010.

[31] 习博方,彦军. 工业以太网中网络通信技术的研究[J]. 微计算机信息,2005,2:148,149,61.

[32] 佟为明,刘勇,赵志衡. 几种主流工业以太网[J]. 低压电器,2005,6:40-42,46.

[33] 陈凌凌,陈以. 工业以太网在工业控制网络中的应用与发展综述[J]. 中国科技信息,2007,18:147,148,115.

[34] 佟为明,穆明,林景波,等. 现场总线标准[J]. 低压电器,2003,2:32-36.

[35] 朱钱祥,汪伟,张琦. 2011 现场总线技术发展[J]. 可编程控制器与工厂自动化,2011,12:37-39.

[36] 张丽娜. 工业以太网的应用与发展[J]. 电子商务,2010,10:63,64.

[37] 冯晓东,赵学明,田爱民. 工业以太网技术及应用前景[J]. 电子产品世界,2004,24:73-76.

[38] 付宏芳. 双绞线电缆的特性与分类[J]. 电脑知识与技术,2012,9:1990-1992.

[39] 张玲,俎云霄,路秋生. 双绞线传输在闭路电视监控系统中的应用[J]. 电视技术,2009,10:86-88.

[40] 黄家平,王明皓,臧家左. 屏蔽双绞线的干扰耦合特性研究[J]. 电子测量技术,2009,11:1-3.

[41] 陈海航. 高频下双绞线传输特性分析[J]. 电脑与电信,2007,10:18-20.

[42] 黄宇皓,易学勤,刘其凤,等. 双绞线在 EMP 下的终端响应分析[J]. 装备环境工程,2011,6:91-95.

[43] 高波. 关于有线传输介质的技术相关分析[J]. 计算机光盘软件与应用,2014,15:136,138.

[44] 贾旭峰. 浅谈有线传输技术特点及发展趋势[J]. 信息通信,2014,1:249,250.

[45] 李媛媛. 有线传输技术的特点及发展方向[J]. 信息通信,2014,2:292.

[46] 梁浩. 有线传输技术特点分析与发展研究[J]. 电子世界,2014,8:75.

[47] 赵锋. 有线传输的技术特点和发展方向研究[J]. 中国新通信,2014,19:63.

[48] 张返立. 有线传输技术特点分析和发展方向[J]. 信息通信,2012,4:204.

[49] 董立珉. 星间/星内无线通信技术研究[D]. 哈尔滨:哈尔滨工业大学,2012.

[50] 梅杨. 无线传输技术在煤矿安全监控系统中的应用[J]. 煤矿机械,2010,4:164-166.

[51] 肖潇. 基于网络编码的无线传输技术研究[D]. 长沙:中南大学,2009.

[52] 李忻,黄绣江,聂在平. MIMO 无线传输技术综述[J]. 无线电工程,2006,8:42-47.

[53] 沈宇红,凌菱. 红外线传输[J]. 中山大学学报论丛,2002,3:184-187.

[54] 沈睿,李骅华. 曼彻斯特码编码与解码硬件实现[J]. 电子测量技术,2002,6:1,2.

[55] 徐进. 一种基于 VHDL 的 HDB3 码编码器的设计技术[J]. 电子工程师,2008,8:28-31,78.

[56] 李杨. 无线激光通信系统中反曼彻斯特码的性能研究[D]. 西安:西安电子科技大学,2013.

[57] 丁明军,徐建城. 射频卡应用中的曼彻斯特码解码技术[J]. 信息安全与通信保密,2007,12:65-67.

[58] 罗明璋,王慧军. 基于高速单片机的曼彻斯特码数据采集系统的实现[J]. 长江大学学报(自科版)理工卷,2006,4:84,85.

[59] 张丹丹,王兴,张中山. 全双工通信关键技术研究[J]. 中国科学:信息科学,2014,8: 951-964.

[60] 程倩. 计算机网络拓扑结构的分析及选择[J]. 电子技术与软件工程,2013,16:60.

[61] 刘娜,郭其一. Modbus 协议在消防联动远程监控系统中的应用[J]. 建筑电气,2008,10: 32-34.

[62] 阳宪惠. 网络化控制系统:现场总线技术[M]. 北京:清华大学出版社,2009:88.

[63] 许波. Modbus 通信协议的研究与实现[D]. 合肥:安徽大学,2010.

[64] 张益南. 嵌入式 Modbus/TCP 协议的研究与实现[D]. 杭州:浙江大学,2008.

[65] 潘悦. Modbus 协议研究及其实验系统的设计[D]. 哈尔滨:哈尔滨工业大学,2007.

[66] 李芳芳. 基于 MODBUS 协议的人机接口通信研究[D]. 西安:长安大学,2009.

[67] 孙鸥. 基于 Modbus 协议的总线系统设计研究[D]. 重庆:重庆大学,2005.

[68] 周益明. PROFIBUS-DP 现场总线通信研究及智能从站设计[D]. 南京:南京航空航天大学, 2005.

[69] 江平. PROFIBUS-DP 智能从站关键技术研究及开发[D]. 天津:天津理工大学,2007.

[70] 薛吉,殷君. Profibus-DP 通信适配器的应用和发展趋势[J]. 低压电器,2008,1:41-43,59.

[71] 侯金华,琚长江. Profibus-DP 系统 EMI 问题研究[J]. 低压电器,2009,13:28-30.

[72] 石晓亮. 基于 FPGA 的 PROFIBUS-DP 从站设计[D]. 杭州:浙江大学,2008.

[73] 许小林. PROFIBUS-DP 控制系统可靠性技术研究[D]. 杭州:浙江大学,2003.

[74] 薛吉,孙嘉辰,瞿涛. 工业以太网 Modbus/TCP 通信网关的研发[J]. 电器与能效管理技术, 2014,16:43-46.

[75] 倪建军. 嵌入式 Modbus/Modbus TCP 网关的设计与研究[D]. 北京:北京交通大学,2008.

[76] 翁建年,张浩,彭道刚,等. 基于嵌入式 ARM 的 Modbus/TCP 协议的研究与实现[J]. 计算 机应用与软件,2009,10:36-38,68.

[77] 曹力. 基于 Modbus/TCP 协议的监控网络研究与设计[D]. 武汉:华中科技大学,2008.

[78] 李庆军. MODBUS/TCP OPC 数据访问服务器的研究与实现[D]. 哈尔滨:哈尔滨工程大 学,2004.